思考世界的少年

和孩子聊聊科技

张薇薇◎著

中国妇女出版社

图书在版编目（CIP）数据

和孩子聊聊科技 / 张薇薇著. -- 北京 : 中国妇女出版社，2023.2（2023.4重印）
（思考世界的少年）
ISBN 978-7-5127-2184-5

Ⅰ.①和… Ⅱ.①张… Ⅲ.①科技发展－世界－青少年读物 Ⅳ.①N11-49

中国版本图书馆CIP数据核字（2022）第187294号

选题策划：赵 曼
责任编辑：赵 曼
插 画：谢 意
封面设计：末末美书
责任印制：李志国

出版发行：中国妇女出版社
地 址：北京市东城区史家胡同甲24号 邮政编码：100010
电 话：（010）65133160（发行部） 65133161（邮购）
网 址：www.womenbooks.cn
邮 箱：zgfncbs@womenbooks.cn
法律顾问：北京市道可特律师事务所
经 销：各地新华书店
印 刷：三河市祥达印刷包装有限公司

开 本：150mm×215mm 1/16
印 张：12
字 数：100千字
版 次：2023年2月第1版 2023年4月第2次印刷
定 价：58.00元

如有印装错误，请与发行部联系

序言

2018年，港珠澳大桥通车。我家老大当时4岁多，听我和他爸爸聊起这座揽获太多“世界之最”的跨海大桥时，非常好奇。于是，我用他能懂的大白话，详细描述了港珠澳大桥的过人之处，还找来视频，一起看了大桥合龙及相关的科普知识。接着我们一起看地图，探讨了修建大桥的意义。娃虽然一知半解，但兴趣盎然。

从那以后，我会主动留心各类新闻信息，一有合适的就讲给他听。而孩子的反应和思考也常常会让我惊喜。现在，哥哥快9岁了，弟弟5岁，聊新闻已成为我们家经常做的事。他们的知识储备和思考力在一次次沟通中慢慢积累，眼界也逐步拓宽。

从2020年起，我开始在公众号上不定期地给孩子们讲新闻。有合适的新闻事件，我会第一时间录讲解音频，从现象到本质地梳理新闻事件所涵盖的方方面面，进行深刻的分析和思辨引导，以带给孩子一定的启发。无数孩子通过我的讲解看到了社会的不同面，了解国家、了解世界的同时不断思考。

这套书从策划伊始，目标就很明确——选取合适的事件、现象或知识点，帮助孩子了解世界、思考世界。

孩子天生对万事万物感到好奇，而成年人要做的，就是让他们知其然，也知其所以然。

为什么总能听到“两个一百年”的说法？具体指的是什么？与我们有什么关系？

为什么我们国家要实行“双减”政策？

《民法典》的颁布意味着什么？

为什么北京要举办两次奥运会？

为什么中国空间站万众瞩目？

为什么西双版纳的大象要“离家出走”？

大家都在说的“双碳”到底是什么？

互联网医疗是怎样帮助我们的？

为什么中国是世界上最大的无现金支付国家？

为什么中国气象站要架设到珠穆朗玛峰上？

中国航天员在天上要做哪些工作？

……

诸如此类的话题，我都甄选到这套书中，并一条条给孩子细细拆解。为了确保信息的可靠度和严谨性，无论新闻来源，还是相关知识点，均来自人民网、新华网、光明网、央视网、澎湃新闻等权威媒体，以及中国教育新闻网、工信部等政府相关部门网站。

从时事政治到全球经济，从生态保护到社会生活、科技发展，这套书从 5 个角度，一共选取 50 个新闻事件分析解读，可以帮助孩子更深层次地认知世界，看到社会运转的关联性及本质。让孩子清楚地知道当下发生的事，明白自己身处于怎样的世界，个人的行为对社会有什么影响，日新月异的科技将为我们带来哪些改变……

写作这套书，是为了帮助孩子更好地思考。当今社会充斥着各种各样的信息，而孩子天性好奇而敏锐，迟早会陆续接触到各种小道消息和八卦新闻，可能会在纷杂的信息中迷失方向。而从小接触新闻解读的孩子，会拥有更高级的精神世界和更独立的思考力。随着成长，他们逐渐学会明辨是非，不被谣言蛊惑，也会更好地认知世界、认知自我。

另外，读新闻、分析新闻、积累新闻素材的必要性，也体现在历年的中考、高考里。

一些新闻事件背后有深远含义，也涵盖了大量知识。这些内容会大大充盈孩子的写作素材库。积攒的东西多了，写作文时才能随取随用。如果仅仅积累而不思考的话，就会流于表面，无法自如运用。

很多人觉得，孩子太小，听不懂新闻。所以，选取合适的话题，用孩子能理解的大白话，把看似高深的知识讲清楚，非常考验大人的功力。为了让孩子理解透彻和有效思考，我录制了配套的音频课。孩子可以在阅读时同步听讲解，也可以在碎片时间直接听音频。

希望无论是孩子还是大人，都能在思考中前进。

张薇薇

阅读指导

在信息化时代，我们应该怎样读新闻

在当下这个信息爆炸的时代，每个人随时随地都能刷到各种消息，但并不是所有的消息都是真实的。我们经常在听到一则消息后不久，就会听到相关的辟谣；新闻事件也总会发生接二连三的反转。面对汹涌而来的信息，怎样独立思考、辨别真假，是生活在网络信息时代的我们必备的一项能力。

我们该怎样擦亮双眼，识别假新闻？

假新闻产生的原因

有的孩子可能会问，为什么有人会编造假新闻？这对他们有什么好处呢？编造假新闻的原因其实有很多。

比如，很多人编造假新闻，只是想获得更多人的关注，吸引更多“粉丝”，从而满足自己的虚荣心。

还有些人这么做是为了赚钱。因为假新闻往往会博人眼球，引起很多人的点击与关注。

如何识别假新闻

首先，要警惕“标题党”！所谓“标题党”，就是文章标题和内容不符或者偷换概念。“标题党”为博读者的眼球不惜歪曲事实，想尽办法取一些夸张、惊悚的标题，比如：“震惊！不知道这些你会后悔终生！”这么做就是为了引起你的好奇心，让你忍不住点进去一看究竟。但是，真正的新闻标题应该传递事实本身，而不只是为了博人眼球。

其次，一定要看它的信息来源。问问自己：这则新闻的来源是哪里？是谁发布了这则新闻？如今处于网络时代，所有人都可以发声，如果别人说什么你就信什么，那就大错特错了。

即使是有来源的信息，信源的可靠程度也不一样。一般来说，主流权威媒体的可信度要高于自媒体。

在我国，主流权威媒体包括中央级别的媒体，如新华社、人民日报社。地方媒体，如《北京青年报》、澎湃新闻、《南方都市报》等。这些权威媒体发布的消息相对来说更准确，因为权威媒体有一套明确的新闻操作规范，从记者采访到校对审核、总编签发，这套流程能最大程度避免假新闻。

当我们对一则新闻产生疑问时，不妨交叉验证一下，去找找是否还有其他媒体报道了这件事情？有没有更权威的消息来源？

比如，为了求证“新冠病毒能治疗癌症”的说法是否属实，我们可以搜索关键词“新冠病毒”“癌症”，会发现网上有大量相关文章，其中一篇文章的标题是《新冠病毒“治愈”癌症：这不是医学奇迹，也不值得推广》。读了这篇文章后你就会知道，目前学者对肿瘤消退的原因只是进行了猜测，并没有实验和数据证明新冠病毒真的能杀死癌细胞。

这篇文章的特约作者是第三军医大学的一名硕士，并且由北京大学基础医学院的一名博士后审稿。文章还列举了文中事实数据的参考文献和来源，以及发布平台的编辑、校对人员名单。所以，相比一些没有事实根据的文章，这样的文章更可信。

再次，要学会区分观点与事实。事实是通过证据可以证明的事情或概念，而观点是某人对某事的想法或感觉。

比如“香蕉是黄色的”，这是客观存在的事实；而“香蕉很好吃”，就是带有个人偏好的观点。

最后，要知道“眼见不一定为实”。现在，网上的很多图片都是经过图片编辑软件处理的。不仅图片如此，视频也能造假。

希望读者读完这套书后会有一些转变：看到一则新闻的时候，不会轻易相信并随手转发，而是思考一下，这则新闻是谁发布的，是否可信，逻辑上有没有问题，我要不要去复核一下。始终带着独立思考和质疑精神，全面分析，不断章取义。如果能做到以上几点，那么恭喜你！你已经在鉴别假新闻的道路上迈出了重要的第一步。

THINKING

目录

1 航天员的太空工作是什么样的呢？

不同阶段航天员的不同任务 / 004

太空中的科学家 / 007

太空中的工程师和老师 / 011

想一想 / 017

2 为什么说“中国天眼”是目前最有可能发现宇宙深空文明的望远镜？

天文界的奇迹 / 022

“中国天眼”的故事 / 025

来自太空的回音 / 029

想一想 / 033

3 | 为什么探索深海比探索外太空更困难呢？

为什么要探索深海？探索深海到底有多难？ / 039

开发深海的征程和中国深海探索之路 / 043

想一想 / 053

4 | 从 2G 到 5G，通信发展为什么如此重要？

不同时期的信息是如何传递的？ / 059

现代通信技术的发展和我们有什么关系？ / 062

未来的发展在中国 / 065

想一想 / 071

5 什么是芯片，为什么会出现“芯片荒”？

芯片是什么？ / 077

为什么会出现“芯片荒”？ / 080

核心技术独立的重要性 / 082

想一想 / 087

6 为什么说 AI 是人类的又一次技术革命?

什么是 AI？ / 092

我们身边有哪些 AI 的应用？ / 095

思索并拥抱由 AI 主导的未来 / 100

想一想 / 103

7 | 让猴子用意念玩游戏的脑机接口技术有多神奇？

什么是脑机接口？ / 108

脑机接口的实际应用和未来前景 / 112

想一想 / 119

8 | 为什么说基因编辑是改写生命密码的“魔法剪刀”？

基因是什么？ / 124

基因剪刀是如何工作的？ / 127

举世震惊的基因编辑婴儿 / 130

“潘多拉魔盒”被打开？ / 132

基因编辑技术的应用前景 / 133

想一想 / 137

9 | 诺贝尔奖获得者屠呦呦是如何拯救数百万人生命的？

屠呦呦的成长经历 / 142

屠呦呦的消除疟疾之路 / 145

鲜花与荣耀背后 / 152

想一想 / 155

10 | 元宇宙是一个什么样的世界？

元宇宙的起源和发展 / 160

元宇宙的意义和未来 / 164

元宇宙的利与弊 / 168

想一想 / 172

- 太空出差

- 太空实验

- 天宫课堂

THINKING

航天员的太空工作是什么样的呢？

自2003年10月15日我国成功发射第一艘载人航天飞船以来，从神舟五号到神舟十五号，我国先后有16位航天员进入太空。在写这篇文章的时候，中国空间站正搭载着3名航天员，在太空中执行为期6个月的“出差”任务。

正是因为有了既可以在太空中作业，又能休息的中国空间站，接下来，我们还会有更多的航天员奔赴浩瀚星辰。

你知道航天员到太空去干什么吗？为什么一“出差”就是6个月呢？他们到底肩负了什么样的使命和特殊任务呢？让我们从头说起。

不同阶段航天员的不同任务

第一个进入太空的航天员，是苏联的尤里·加加林。当时苏联和美国正在进行航天竞赛，这两个超级大国铆着劲儿，要看看到底谁能够第一个实现人类登天的梦想。最终，1961年4月12日，尤里·加加林绕地球飞行一周，使得苏联在这场竞赛中获胜。当时人类进入太空的最大意义，就是告诉全世界：我们做到了。

美国不甘落后。1969年7月20日，美国航天员阿姆斯特朗等3人登上了月球，阿姆斯特朗还成为第一个站在月球上的人，并在月球上留下了脚印。人们都说，这个小小的脚印，可代表了人类的一大步。

那时候我们中国在做什么呢？当时，新中国成立不到20年，百废待兴，航天事业也处于起步阶段。但是，我们始终仰望星空，怀揣探索宇宙的梦想。要知道，航天事业的发展水平，体现了一个国家的科技水平和综合国力。为了发展航天事业，我国对现代科技的各个领域都提出了更高的要求，继而促进整个科技行业的发展。

1970年4月24日，中国首颗人造卫星“东方红一号”发射升空。嘹亮的《东方红》音乐旋律绕着地球回响，正式拉开了中华民族探索浩瀚宇宙的序幕。

在一代代航天科研人员的不懈努力下，我国先后掌握了卫星返回、“一箭三星”等多项技术。每一次技术的飞跃都引起了全世界的瞩目。

2003 年 10 月 15 日，我国第一艘载人航天飞船“神舟五号”发射成功，这标志着中国成为继苏联和美国之后第三个将人送上太空的国家，航天员杨利伟也成为中国遨游太空第一人。这是从 0 到 1 的突破，同时也为我国载人航天事业翻开了全新的篇章。

能把航天员送上太空，就意味着这个国家拥有一系列高科技，航空航天和相关行业都处于世界领先水平。而航天员的顺利出舱、多人多天飞行，更代表着

这个国家有实力对宇宙进行更深的探索。

我们都知道，地球的资源是有限的，而载人航天工程就是为了探索宇宙空间，合理开发和利用宇宙的资源，更好地服务人类。

所以，当代航天员还肩负了外太空科学实验、空间科学研究、太空生产和观察、释放和回收卫星、维修航天设备、空间站建设，以及航天科普等多项任务。这也为人类进一步了解太空、利用太空资源，打下了坚实的基础。

太空中的科学家

既然是探索宇宙，就一定少不了科学实验。航天员在太空中带着无数地面科研工作者的嘱托和期待，需要完成各项空间科学实验和技术实验。

有哪些是在太空中做的实验呢？

首先，是与发展太空农业有关的实验。航天员要研究动物和植物在太空环境中的生长、发育和变异情况，比如我们很熟悉的“太空种菜”。观察在太空微重力条件下植物生长发育的情况，记录从种子发芽到收获的一系列过程。在神舟十四号上，航天员已经吃上了自己在太空种植的新鲜生菜。这样的实验，再加上地面科学家的研究和改良，就有可能培育出更优质的太空作物，再在地面种植并推广，提高农业生产率。

更重要的是，人类一直有着宇宙旅行的梦想，而食物是首先要解决的问题。航天员将农作物生长的参数记录下来，带回样本，就可供地面上的科学家进行进一步的研究，以期发现适合太空种植，同时具备高产优质、高生产效率、低能源消耗等特点的农作物，为我们的星际之旅提供充足的食物保障。

其次，航天员要观察自己，了解人类在外太空生活时身体会发生什么样的变化。比如，神舟十三号的航天员首次建立了空间条件下细胞的长期培养体系和细胞模型。利用这些实验数据和模型，我国的科研工作者完成了数项国际领先的生命科学实验。

这些实验让我们了解了人类在失重条件下心血管的变化特征，也为人类细胞的再生和衰老、长寿和相关疾病的发生，提供了非常好的实验数据，有助于我们更好地认识生命、突破自身，也为人类在外太空的生存奠定了重要的科学支持基础。

再次，是各国重视的“太空蛋白质晶体生长”实验。蛋白质晶体在太空中的微重力条件下比在地球上生长得更纯净、更大，这对于生物制药等技术的开发具有重大意义。简单来说，就是能够研究出更多造福人类的生物制品。

从次，航天员要进行空间科学研究。比如：了解太阳、月亮等天体的更多奥秘；对地球磁场、电离层、大气层等做深度研究；从太空中观察地球，收集地球上有关自然资源、植物覆盖率、沙漠和海洋变化情况等众多数据。

最后，航天员还有一项非常重要的任务——进行大量的空间材料科学实验。你可以想一想，这些实验又有什么用途呢？

在失重环境下，一些物质可以混合得更均匀。就像王亚平老师做的水油混合实验一样，在地球上水和油不能均匀混合，会在重力作用下由于密度不同从而分层。在失重的环境中，混合物可以混合均匀。根据这一原理，科学家能制造出在地面上无法实现的特种合金。

太空中的工程师和老师

除了舱内的科学实验，航天员还要承担工程师的职责。比如，正在建设中的中国空间站，就离不开航天员的工作。

神舟十二号的航天员出舱进行了舱外工具箱组装、全景摄像机抬升、机械臂测试等工作。

神舟十三号的航天员则完成了舱外工作台安装、舱外互助救援验证等多项作业。同时，还在机械臂的支持下，进行悬挂装置与转接件安装，以及天舟二号货运飞船与空间站组合体交会对接试验等。

神舟十四号在此基础上更进一步，航天员们亲身见证并完成中国空间站的在轨组装建造。神舟十四号乘组不仅需要配合地面完成空间站的在轨组装、进出舱活动、空间实验、太空授课以及日常组装建造、维护维修等方面工作，还要承担大量空间对接等重大任务。最后，他们还要迎接神舟十五号的 3 位航天员到来，和对方做好在轨交接工作。

在空间实验舱对接完成之后，神舟十四号乘组还首次进驻“问天”和“梦天”科学实验机柜进行一系列太空实验，其中包括空间科学、医学实验、科学实验，以及人因工程领域、航天员系统领域的实验。

如此丰富的工作内容，对航天员是莫大的挑战，他们不但要克服生理不适，还要有过硬的专业知识和其他科学知识等全方面的学识。正是因为有足够的专业水平，航天员在太空还可以给孩子们授课。

大家一定对神舟十三号的航天员翟志刚、王亚平、叶光富在“天宫课堂”给同学们授课印象深刻。早在2013年，王亚平就在太空给地面上的中小学生讲过课，让大家了解了微重力条件下物体运动的特点、液体表面的张力等物理概念和科学原理。

神舟十三号的航天员做了很多有趣的科普小实验，比如：给大家展示了为什么人类在太空中难以转身，这是因为失重状态下飘浮在空中的航天员没有了摩擦力的帮助，转动身体就变得很困难；把乒乓球放入瓶中会沉到水底，这是因为浮力在太空的微重力环境下消失了；还有在水面旋转开放的纸花；等等。

太空中的每个看似简单的小实验展现出的奇妙现

象都是我们在地球上难以想象的。航天员及航天科技工作者开展的这些天地互动的太空授课，通过给孩子们打开太空科技的大门，让更多的孩子走近航天、热爱航天。

延伸阅读

每个人可能在小时候都憧憬过有朝一日成为一名航天员。那么，成为航天员需要具备哪些素质呢？

航天员除了需要具备过硬的身体素质，还要具备较好的心理素质。

1. 心理稳定性。这是基本要求，要求航天员无论面对什么环境、出现什么问题都应冷静、沉着，不能有过大的情绪波动。

2. 危机处理能力。航天员是高风险职业，甚至要有牺牲的勇气。面对危机时，航天员应采取正确的方法和预案，及时处理危机。

3. 心理相容性。航天员之间需要相互包容、理解和支持。

致少年

每一位航天员在进入太空之前，都要经历严苛的选拔和训练。他们要忍受生理极限，还要大量学习相关知识。每一位航天员都会以最饱满的精神状态和学习状态去迎接每一次挑战。

正是因为航天员的付出，我们才得以窥探浩瀚星空，了解地球之外的世界。他们是领路人和开拓者，也是勇敢的先锋。

写这篇文章的时候，我国的第四批航天员正在报名选拔中。这是一份光荣而艰巨的工作，无数人前赴后继，为实现个人理想，更为响应祖国的召唤。

正在读这篇文章的你，也许未来会成为一名了不起的航天工作者，为探索深空贡献自己的力量。

想一想

你觉得航天员在太空中还会遇到什么样的问题？查一查人类载人太空工程中，航天员都遇到过哪些困难，他们又是如何解决的。

宇宙观测

射电望远镜

脉冲信号

THINKING

为什么说“中国天眼”是目前最有可能发现宇宙深空文明的望远镜？

从遥远的远古时期开始，神秘的宇宙就一直是人类探索的对象。大家是否好奇过，漆黑的夜空为什么会有星星闪耀？除了人类，宇宙中还有别的智慧生物吗？宇宙有多大，到底有没有尽头？

在古代，人们只能用肉眼或者非常简陋的设备观测宇宙，能够观察的对象非常有限。而随着人类智慧的一代代积累，现在能够用在宇宙观测领域的科学设备越来越先进。以前皇帝贵族才有的望远镜，现在普通人也可以购买。同学们有没有用望远镜观察月亮和星星的经历呢？

常见的望远镜都比较小，即使是天文望远镜，家用的也不会太大。那你知道世界上最大的望远镜有多大，是哪个国家研发、制造的吗？

天文界的奇迹

在我国贵州省黔南布依族苗族自治州境内，有一座占地面积达 26 万平方米，也就是大约 30 个标准足球场大小的庞大建筑物，它的主体部分就是目前世界上最大的天文望远镜——“中国天眼”，即 500 米口径球面射电望远镜。

虽然都叫望远镜，但“中国天眼”和我们家用的望远镜本质上并不一样。“中国天眼”是射电望远镜。

什么是射电望远镜？常规的家用望远镜，一般都是光学望远镜，是利用光学原理让我们看见物体。照射进望远镜的光线，人类的眼睛只能够感知到一部分。而宇宙中有很多光是人类肉眼看不见的，或者距离过于遥远，光学望远镜无法观察到，这时候就需要射电望远镜。

射电望远镜是通过接收无线电波来确定和观察天体运行的，不仅能够看到更多、更远的星星，观察的数据也更加精准，还不会受天气的影响，所以用于专业天文学领域的望远镜通常都是射电望远镜。而且为了更好地捕捉无线电波，射电望远镜通常会做成一个凹形的球面。比如，美国的阿雷西博望远镜的球面口径是 305 米，架设在一个天然的火山口上。

为了捕捉到宇宙中更多的无线电波，得到更多、更精准的数据，射电望远镜的体积比日常用的光学望远镜大得多。通常来说，射电望远镜的体积越大，能观测到的宇宙范围就越广。比如，上海佘山有一架 65 米口径的射电望远镜，它接收到的第一个信号就来自距离地球 3.7 万光年的区域，这一观测距离在用光学望远镜探测宇宙的时代是无法想象的。

作为目前世界上最大、最灵敏的射电望远镜，“中国天眼”500米的口径在2008年建造之初就引起了世界范围内的轰动。“天眼”名副其实，它几乎代表了人类现阶段能够观察到的宇宙极限距离。“中国天眼”在加入地外文明搜索计划后，就被寄予厚望。如果说当前有谁最接近揭开宇宙起源的奥秘、最有可能接收到外星人的来自宇宙深处的文明信号，那一定是“中国天眼”。

“中国天眼”的故事

“中国天眼”的建造过程并不是一帆风顺的。你可以想一想，要建造这样一架巨型射电望远镜，会遇到什么样的困难呢？

肯定有人会想，它的体积这么大，要放在哪里呢？因为体积过于庞大，“中国天眼”很难架设在人口密集的大城市里，但好在贵州的深山中恰好有这样一个巨型山谷，能够契合望远镜凹形的球面。当地居民也很少，建造这样一个大型工程对当地产生的影响相对较小，所以“中国天眼”的选址就定在了这里。

建造巨型天文望远镜的计划，在1993年就已经有中国的天文学家提出。贵州地区独特的自然环境形成了很多大型山谷和洼地，是架设这种球面射电望远镜的天然场所。只不过当时的中国虽然有“地利”，但建设这种大型高科技天文工程的能力还相对比较薄弱。

建造如此巨大的望远镜是史无前例的，没有前人的成功经验可以学习，遇到难题只能依靠一次又一次的试验来摸索解决。比如，如何在不影响性能的情况下平衡重量，如何优化巨大球面的结构以便更好地捕捉无线电波，如何保证望远镜周边的电磁环境不受干扰，等等。

另外，建造巨大的望远镜还面临一个非常关键的问题：由于天体是运动的，所以望远镜用于接收信号的球面必须能够及时调节角度和形状，保证稳定捕捉信号。这是困扰世界上无数天文学家的难题。望远镜的球面口径越大，越难做到这一点，而中国是第一个掌握这项技术的国家。

要知道，在建造“中国天眼”之前，中国的大型射电望远镜只有上海佘山的65米口径射电望远镜和北京密云国家天文台的50米口径射电望远镜。而同一时期，美国已经有曾经被称作“世界天眼”的305米口径的阿雷西博望远镜，德国有100米口径的埃菲尔斯伯格射电望远镜。中国人观测宇宙的历史并不比这些国家短，但在21世纪以前，中国的天文观测能力一直没有赶上世界前列水平。

而“中国天眼”的建造，从1993年提出计划，到2005年开始申请、2006年确定选址、2008年开始建设，直到2016年9月25日才正式启用。这24年背后，有着无数科学工作者的努力奋斗。

可能有细心的孩子会问：贵州那里经常下雨，凹形的球面会不会积水？这么巨大的工程会不会对生态环境造成不好的影响？在建造“中国天眼”之前，科学家将这些问题都考虑到了。他们经过精确的计算，用无数块镂空成小孔点阵的面板代替了传统的实心面板。这样不仅减轻了重量，能够自主排出积水，还不影响太阳光的照射，可以让球面下方的植物正常获得光照和降水，不会影响它们的生长。

来自太空的回音

“中国天眼”从完成建设、投入使用到现在，取得了什么样的成就呢？

作为真正的“天眼”，这架望远镜已经观测到了大量以前从未被发现的遥远天体，尤其是一些快速旋转、不断发射脉冲信号的脉冲星。截至 2022 年 7 月，“中国天眼”发现的脉冲星已经超过 660 颗，在相同时间段中，这个数量比世界上所有其他射电望远镜发现脉冲星总数的 5 倍还多。

除了发现太阳系之外的新星，“中国天眼”还观测到一系列奇特的宇宙现象，其中最重要的就是“快速射电暴”现象。这是一种来自银河系以外的神秘天文现象，它爆发的时间仅仅持续几毫秒，却能够释放出等同于太阳 24 小时释放的能量。我们可以理解为，

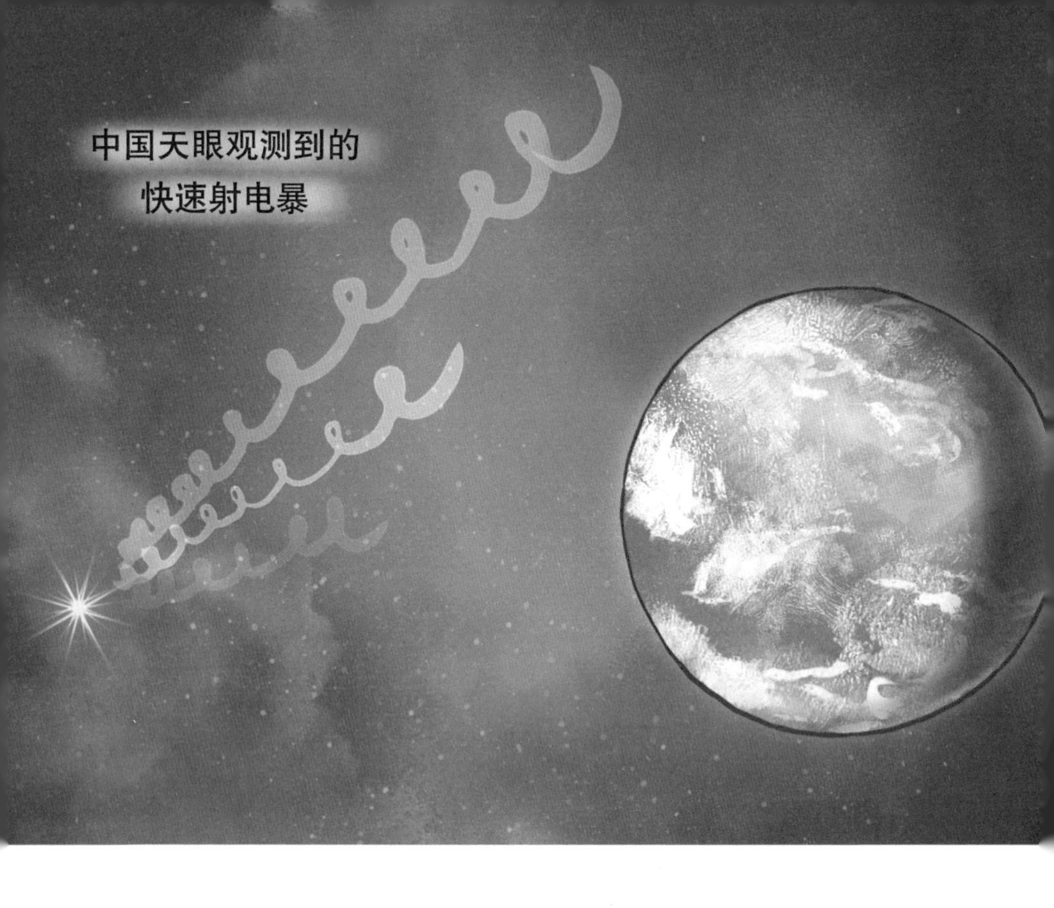

这一现象在几毫秒内释放出的射电量，相当于全世界总发电量数百亿年累加的总和。

“快速射电暴”第一次被人类观测到是在2007年，此后有了上千次观测记录，但它的起源依然十分神秘。而“中国天眼”通过几千次的动态观察，取得了数个突破性的国际首次发现，已经能够初步确定它所在的宇宙区域。可以想象，随着“中国天眼”的不断观测和记录，越来越多的宇宙奥秘都将在人类面前展现真实的面容。

“中国天眼”代表了当前人类用望远镜观测宇宙的极限，但这绝不是终点。继“中国天眼”之后，还有巨型射电望远镜阵列“SKA（平方公里阵列射电望远镜）计划”。阵列就是由多架望远镜构成的组合。一架500米口径的“中国天眼”帮我们突破了人类在地球上观测宇宙的极限，那如果有十架、一百架互相叠加呢？它能够把人类的目光延伸到多远的地方？这就是SKA计划的意义。

当然，SKA计划的花费也是一个天文数字，就人类目前的发展水平而言，任何一个国家都很难支撑起这样庞大的建设项目。因此，SKA计划是由多个国家联合投资合作的天文项目，中国当然也是参与者之一。

致少年

可能有人不理解，中国和世界上的其他国家为什么要花费这么多人力、财力来观测遥不可及的宇宙呢？至于亿万光年以外的星星，它们什么时候诞生、什么时候毁灭，与我们的生活有什么关系？

在宇宙面前，人类实在太渺小了。也许我们用尽各种办法，都无法了解宇宙奥秘的万分之一。但当夜晚降临，无数星斗在神秘的夜空中闪耀，藏在我们每个人心中的求知欲就会被激发出来。谁的童年没有想象过自己畅游宇宙、解开宇宙起源的奥秘呢？不断探索未知，本来就是我们作为智慧生物的使命和职责。

想一想

如果有一天你成为“中国天眼”的使用者，你会把目光投向哪里、想解开哪些宇宙奥秘呢？

- 潜水艇
- 马里亚纳海沟
- 深海科考

THINKTING

为什么
探索深海
比探索
外太空
更困难呢？

观察地球仪，你就会发现，地球表面大部分都被蓝色的海洋所覆盖，海洋的面积占比约达到了70%。你猜猜看，我们已经了解并探索的海洋面积有多少呢？

答案可能比你猜测的要少得多——5%。也就是说，绝大多数海洋对我们来说，仍是未知世界，而即使是这5%，大多数人也只是匆匆一瞥。

相比之下，人类对于外太空的探索甚至比海洋更深入。我们已经绘制出了月球和火星的大部分区域，但绘制的海洋地图还不到地球海洋面积的 20%。放眼全球，深海探索事业远不及航天事业的发展程度。

实际上，人类接触海洋、认识海洋的历史漫长，那些生活在沿海区域的人从远古时代就学会了从海中谋生。而对于深海的探索，人类也从未停止。在陆地资源越来越少的今天，蕴藏着丰富资源的海洋，无疑是人类新的希望。

那为什么明明海洋就在我们所生活的陆地周围，但探测海洋比探索外太空更困难呢？迄今为止，人类为了探索深海，都做了哪些努力？获得了什么样的成就呢？如果想继续探索深海，又有哪些需要解决的问题呢？

为什么要探索深海？探索深海到底有多难？

人类活动的区域一般是大陆架浅海区域，也就是陆地沿岸土地在海面下向海底延伸的部分，通常深度在 200 米以内。大陆架除了有丰富的海洋生物，还有包括石油、天然气、铜、铁在内的 20 多种资源，其中已探明的石油储量占地球石油储量的三分之一。

近年来，全球重大油气资源被发现，其中 70% 来自 1000 米以下的深海水域。人类还探索到太平洋的一片深海黏土里含有稀土资源，可供人类使用数十年。地球上发现的百余种化学元素中，有多种重要元素在海洋里有丰富储备，是生活和工农业生产所必需的，甚至是国防必备的资源。

用“聚宝盆”来形容海洋再恰当不过。毫不夸张地说，拥有更强深海探索能力的国家，牢牢掌握了更多能源和矿产，在未来国际竞争中，相当于手握一张王牌。

除此之外，深海生物也拥有陆地物种无法企及的强大生存技能。国际上对于深海的定义，是 200 米以下的水域。这里水流缓慢，水压增高，阳光无法穿透，环境漆黑寒冷。8000 米以下的海床上还有不断喷发的海底火山，环境极其复杂。但这也意味着，深海生物能够适应高压和低温，或是在缺氧环境下依旧繁盛，有的微生物存活周期动辄千年。研究这些令人惊奇的生物的基因，很有可能会为人类破解生命密码带来更大的突破。

海底也是距离地球内部最近的地方之一。我们都知道海洋最深处是位于太平洋的马里亚纳海沟，最深处约达 1.1 万米或 11 千米。如果把陆地上的最高峰珠穆朗玛峰搬到这里，顶峰到海平面还有 2000 多

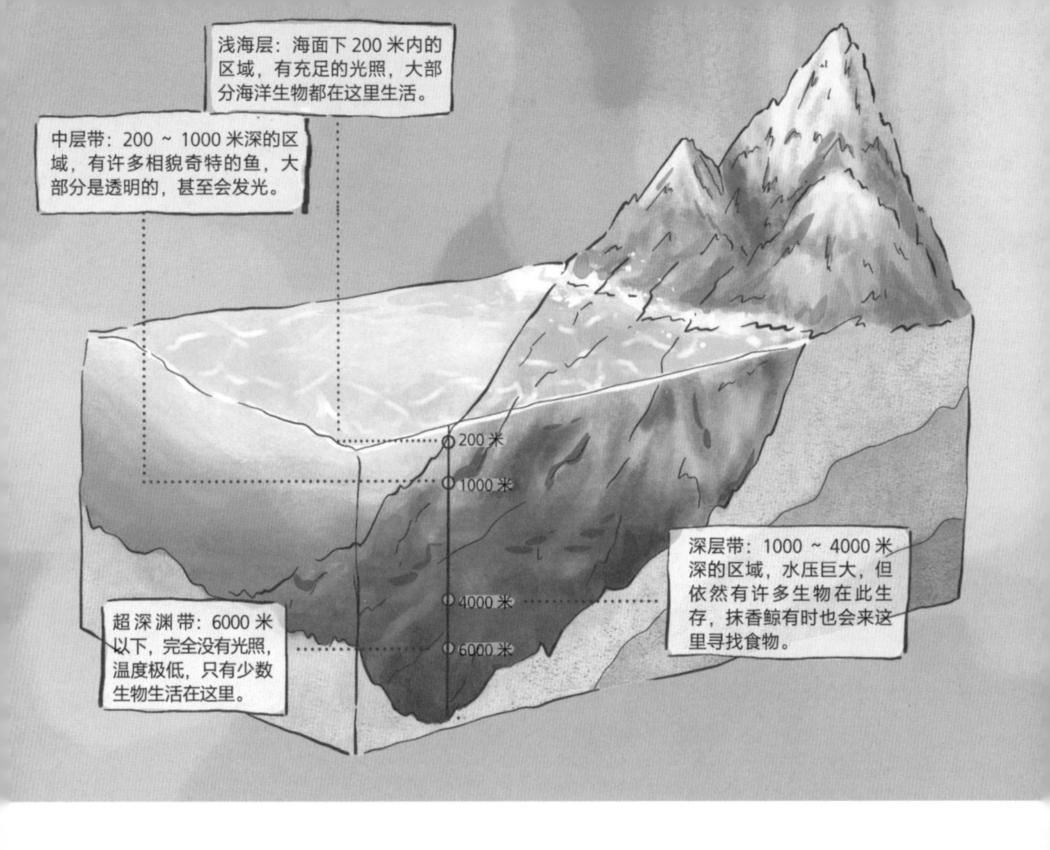

米的距离。深海底下 2 亿年的沉积层，记录了地球历史的变迁。我们可以通过沉积层来追溯地球大陆的形成和板块漂移，了解海洋水圈和岩石圈的变化，窥探地核……

地球上最高、最大的山脉在深海，最强的火山喷发和滑坡也在深海，这里的海洋资源也许比人类想象的更丰富。人类起源、生物进化、地球演变……对于这些问题，科学家都在从深海中寻找答案。所以，深海是我们必须探索的地方。

探索深海比太空翱翔更难。

首先，要解决人类生理无法逾越的水压问题。也就是说，越往深处，海水的压强越大。大概每下降 10 米高度，就相当于增加 1 个标准大气压。当下落到 4000 米的海底时，就相当于被压在 14 辆装满水泥的大卡车下。

其次，海底的水温变化巨大，很多冰冷、黑暗的深海区域水温接近 0℃，而也许在某个位置，又会有几百摄氏度的高温，因为那里可能是热液喷口，就是海底地热火山口。

再次，深海中的能见度为零。试想一下，在什么都看不见的地方如何做研究？即使现在有了高科技加持，有了更先进的海洋探测装备，但相对于浩瀚的海洋来说，这些设备所能看到的区域也是非常有限的。

最后，海水具有腐蚀性，海底地形千沟万壑……面对这些难题，人类到底要如何探索，甚至开发深海？

开发深海的征程和中国深海探索之路

从古代起，人们就试图探索深海，但从人体生理学上来说，不靠任何装备，人类下潜到约 100 米的深度就是极限了。17 ~ 18 世纪，人们制造出了“潜水钟”“潜水球”这种装置，进入其中可以将自己与海水隔绝开来，并且可以用导管输送氧气，或者携带氧气瓶来保证呼吸。

直到 20 世纪才有了真正的科学装备。1960 年，人类第一次下潜到地表最深处。一名瑞士物理学家和一名美国海军人员乘坐“蒂利亚特斯号”潜水艇第一次下潜到马里亚纳海沟。由于可怕的水压让潜水艇出现了裂缝，他们在海底只待了20分钟，就急忙上升，经过3个多小时后，顺利回到海面。

1964年，可以在深海长时间作业的美国“阿尔文号”第一次下潜，并成功对海底进行了科学探测，举世震惊，这也标志着人类开始了真正的深海科考。从这时候开始，各类探测仪器、载人或无人潜水设备、水下机器人、取样设备、钻探设备等相继问世，深海探测技术蓬勃发展。

经过数十年的发展，深海探测技术有了飞跃式的突破。2020年11月10日8时12分，中国“奋斗者号”万米载人潜水器带着3位潜水员在马里亚纳海沟的最深处成功坐底。坐底深度达到10909米，创造了全世界首次同时将3人带到海洋最深处的纪录，并成功返航。在不到 10 天的短短时间内，“奋斗者号”又进行了四次深潜，无一例外都突破了万米深度。1960 年只是匆匆一瞥的马里亚纳海沟正慢慢被人类揭开神秘的面纱。

相比载人潜水器，无人潜水器的进步速度甚至更快。由于人类在深海潜水时会遇到非常多的危险，无论是水压、水温还是黑暗都会给潜水员带来伤害，所以为了克服这个问题，无人潜水器和水下机器人应运而生。

从 1953 年第一艘无人潜水器问世到如今，无人潜水器已经被广泛应用于深海探测。无人潜水器进入海洋以后，人们可以在陆地上对它进行远程遥控，而不需要和潜水器一起进入水下。潜水器上装有高清摄像头、样本采集装置，可以根据人们的指令完成深海探测工作。

延伸阅读

“奋斗者号”已进行了21次万米级下潜应用，带领27位中国科学家探索过万米海底。2020年11月，“奋斗者号”成功坐底马里亚纳海沟，创中国载人深潜10909米新纪录，这标志着我国在大深度载人深潜领域达到世界领先水平。中国已成为全球万米载人深潜次数和人数最多的国家。我国载人深潜自2002年起步，历经“蛟龙号”“深海勇士号”“奋斗者号”三艘深海载人潜水器及一系列无人潜水艇，已经初步建立全海深潜水器谱系。

我国从20世纪70年代开始研究无人潜水器，“海马号”4500米级遥控潜水器、“潜龙号”无人无缆自主潜水器、“海龙号”无人有缆潜水器先后问世。2021年5月，全海深自主遥控潜水器“海斗一号”成功潜入马里亚纳海沟的深渊海区，连续探测超过8小时，靠近海底行进了约14千米，给人类带来了大量深海视频影像和宝贵的深海科考样品。作为无人潜水器，“海斗一号”的记录也是我国的深潜科考进入“万米时代”的里程碑。它在告诉全世界，从此再深的海水都不再是中国海洋科考的限制。未来的中国、未来的人类，将会到达更多以前无法涉足的海域。

看到这里，你也许已经为人类的深海探测技术感到震惊，但这还不是全部。无人潜水器再先进，也只能在海洋中进行短期的观测，而有些海洋现象需要长时间记录，那怎么办呢？

我们都知道，太空环境不适合人类生存，但有了空间站，宇航员在太空停留的时间就能大幅增加，无人探测器也可以在这里得到能源补充和修整，而不必返回地球。

和太空探测一样，人们开始努力在海洋中搭建一个庞大的观测网，把“实验室”搬进海洋中。2015年，日本宣布建成S-Net网，在日本海中布设了150个监测站，缆线总长5700千米。欧盟14个国家的

EMSO 计划，将在地中海到北冰洋的广大海域布设海底观测网。中国也将在东海和南海海域分别建立海底观测系统。也许有一天，这些海底“实验室”能够直播海底火山爆发的实况。

除了探测观察，海洋资源的开发技术同样是人们关注的重点。

尽管我们已经能下潜到万米以下，但海底资源的开采还要下到更深的地方，因为油田和气田等资源都埋在海底深处。

深海油田的开采到现在都是世界级难题。海底环境复杂，连确定油田、气田的位置都比陆上难无数倍，确定位置之后还需要考虑开采机器的架设问题。在陆地上可以直接架设开采机器，但在海洋里不可能把开采机器架在其中。所以，要开采海底油田，尤其是远离陆地的深海油田，必须先建设深海钻井平台。平台不仅要有先进的开采设备，能够将装置安全地钻入海底以下，还要考虑到暴雨、大风等极端天气，保证工作人员的安全。

说到钻井平台，不得不提中国的“蓝鲸 2 号”。这是全球最大、最先进的超深水半潜式钻井平台，长 117 米，宽 92.7 米，高 118 米，最大作业水深 3658 米，最大钻井深度 15250 米，自身的重量达到 4.4 万吨，即使是 15 级以上的飓风也不能撼动它。2020 年 3 月，“蓝鲸 2 号”半潜式钻井平台在水深 1225 米的南海神狐海域开展可燃冰试采任务，产气总量 86.14 万立方米，日均产气量 2.87 万立方米，创造了两项新的世界纪录。

中国的石油、天然气等资源在陆地上的储存量有限，现在部分需求要靠进口来满足。而我国的南海蕴藏着大量的油气资源。2014 年，中国在南海探测出一块大气田，已经探明的天然气储量超过千亿立方米。与丰富的储量相伴而来的是极高的开采难度，这块气田的平均作业水深1500米，而天然气的位置更在海底几千米之下。

值得庆贺的是，这块大气田的开采难关已经被我国攻克。2021年，由我国自主研发建造的全球首座十万吨级深水半潜式生产储油平台在南海正式亮相，一年中累计开采天然气超20亿立方米。可以想象，随着深海开采技术的不断成熟，深海矿产资源的商业开采也逐渐成为可能。

致少年

人类探索深海取得了伟大成就，虽然万米深海已经无法限制人类的探索步伐，但大海依然隐藏着无数的秘密。成功到达马里亚纳海沟，并不意味着人类已完全征服了海洋。恰恰相反，这只是我们认识海洋的起点，我们还将看到更多的海中奇观，破解更多的海洋奥秘。

想一想

科技创新是深海探索的基石。畅想一下人类探索深海的前景，同时也想一想，海洋资源被陆续开发的同时，可能会带来哪些问题？人们又应该如何避免？

信息传递

万物互联

THINKING

从 2G 到

5G，

通信发展

为什么

如此重要？

观察一下，手机屏幕的上方是不是有个信号标志？旁边写着“4G”或者“5G”？你可能知道，这个标志代表的是手机的信号，而5G的信息传递速度比4G的信息传递速度快。在这之前，手机使用的是2G、3G网络。2，3，4，5，这些数字代表的是移动通信技术的代际，从2G到5G，意味着我们的信息传递越来越便捷。

在我国，通信传播有三大运营商，分别是中国移动、中国电信、中国联通。2019年11月1日，三大供应商正式上线5G商用套餐，标志着我国正式进入5G商用时代。到今天，5G已经越来越多地参与到我们的生活中，而率先掌握和应用5G技术的中国企业华为，也受到更多国家的关注。

5G全称是第五代移动通信技术（5th Generation Mobile Communication Technology）。通俗地说，通信技术就是帮助信息从这个地方传递到下一个地方的技术。

说起来简单，可为什么5G的推广会上升到国家的战略层面呢？

不同时期的信息是如何传递的？

我们生活在某个地方，想了解远方的人和事，就要依靠信息传递，这是沟通的基础。可以说，人类的历史有多久，信息传递的历史就有多久。

试想一下，在战场上，如果我们提前知道敌军的计划，并及时把信息传递出去，我方就可以尽早布置作战方案，占得先机。这就是信息及时传递的重要性。不仅仅是战争，在我们的生活中，信息的及时传递也非常重要。比如，很多城市都有汽车限行尾号轮换规定，在新一轮尾号轮换开始前，一些媒体也会提前发布。如果你没及时看到这个消息，出门就有可能违反交通法规。你也可以想一想，自己曾经经历过哪些依赖信息及时传递的重要事情呢？

正因为信息传递很重要了，所以即使在科技不发达的古代，人们还是想方设法来传递信息。比如：常见的飞鸽传书，就是在专门训练过的信鸽腿上绑上信件，让鸽子帮忙传递消息；还有用烽火给其他烽火台守军传送信号，不同颜色、闪烁频次的烟火，代表了不同含义和情况。

大到国家安全，小到个人生活，信息传递都非常重要。

在没有移动网络的时候，人们经历了用书信、电报、电话传递信息的变迁过程。20 世纪 90 年代，美国率先开启了互联网商用篇章。到了 20 世纪末，中国互联网进入新时期，涌现出如新浪网、网易等在内的一批互联网综合类网站。与此同时，具备无线通话功能的 2G 网络也在 2001 年正式使用。也就是说，人们可以通过移动终端设备实现无线远程通话。信息传递变得越来越便捷。

不过，2G 网络的传输速度有限，只能实现通话功能。人们渴望更高效的沟通，于是开始了一代又一代的研究和更新，让信息在网络中传输的速度更快（网速）。人们用比特率作为网络传输速度的单位，以 Kbps、Mbps、Gbps 来表示。

从 2G 到 5G，主要解决的问题之一就是速度。比如在 3G 时代，下载速度约为 120Kb/s ~ 600Kb/s，访问网站、看图片没问题，但是看视频比较困难。而到了 4G 时代，网速提升到了 1.5Mb/s ~ 10Mb/s，这就有了各类视频网站、短视频平台，还轻松实现了网络会议、全景直播等更多功能。

随后，人们开始考虑，除了人和人可以通过网络联通，物品是不是也可以联通呢？无人驾驶汽车、各类智能家电等，也随之进入这个无处不在的大网络，形成物联网。我们终于在通信技术的发展下，实现了万物互联。

现代通信技术的发展和我们有什么关系？

从古代的飞鸽传书，到现在的5G，人们始终在探索如何更加快速、准确地跨越时间和空间传递信息，尽全力打破信息传递的壁垒。而每一次信息传递技术的进步，都促进了人类社会的巨大跃迁。

技术革新了，通信的成本比几十年前低廉了很多。比如，2002年的时候，手机接打电话是6角/分钟（各地各运营商的价格略有变动），而上网费则要两三百元/月，速度还很慢。要知道，那时候北京市的社会平均工资为1700元/月。相比之下，无论是电话费还是网费，都价格不菲。

而如今，手机上网速度几乎是零秒响应。通过手机，人们能查找到的信息非常丰富，无论是电话通信还是视频通信都相当方便。各移动运营商也推出不同价格的服务套餐，丰俭由人，能够满足不同人群的需求。

你可以看看父母的手机套餐、家里的上网套餐，了解一下价格和所包含的服务内容分别有哪些，爸爸妈妈的套餐内容是否一样，他们是如何根据自己的需求选择更适合自己的服务项目的。

人们的购物方式也因为网络的发展而变得更加多样与便捷。淘宝、京东、美团等各类电子商务交易平台让我们在网上就可以货比三家，买到心仪的物品。我们不用出门，购买的货物就会送上门来，连家里的水费、电费、燃气费也可以通过网上缴纳。而各类打车软件、共享单车、在线医疗咨询、在线挂号等，都给我们的生活带来了翻天覆地的变化。

现在，远程教学之所以能够普及，也得益于 5G 网络的发展。视频通信让我们在线上就可以学到各类

知识。发达地区的教育资源越来越多地惠及了偏远地区，使当地的成人和孩子也能接受到高质量的教育。

5G 实现了万物互联，这就意味着网络与实体经济的关系会越来越紧密。比如：汽车厂家借助 5G 网络，可以实现无人驾驶功能，创造更多的可能性；家居行业利用 5G 网络，让家变得“智慧”，可以通过手机远程完成家务、安保等多项任务；还有智慧医疗、智能电网……方方面面都关系着人们的生活和经济的发展。而这些也代表着国家的持续发展和创新。5G给电信运营业、相关设备制造业、信息服务业等带来了更多的发展机会，也加快了经济、社会、文化、科技等领域的发展，给全世界带来了新变化。

未来的发展在中国

从 2G 到 5G，这数十年的发展并不是风平浪静的。通信技术的迅速发展背后其实暗流涌动。可以说，全球有实力的国家、企业都在尽全力争取通信技术革新的主导权，即使已经获得主导地位，只要稍有不慎，立刻有后来者取代前者的位置。这是一场没有硝烟的战争。

在20世纪80年代，美国企业摩托罗拉率先掌握了1G的核心技术和标准，成为那个时代的最大赢家。但紧接着，芬兰手机制造商诺基亚就打破了摩托罗拉的垄断地位，取代它走上了2G时代的统治之路。

而诺基亚的统治也仅仅持续了10年，在下一个10年中，苹果、谷歌等企业依靠先进的通信网络技术，将3G时代的主导权牢牢掌握在自己手中。接下来，苹果公司迅速更新了4G技术。同时，中国的华为、小米等新兴公司也加入“战局”，发起了强力挑战。

可能有人会问：为什么要这么热衷于追求通信技术的革新？不管是谁发明的，只要我能用上不就行了吗？我们来看一组数据就知道了：

在2016年，也就是4G的鼎盛时期，全球的互联网产值（包括谷歌、Facebook、亚马逊、中国的BAT等）是3800亿美元。而全球电信市场产值（包括移动设备、电信设备、运营商收入）高达3.5万亿美元，是互联网产业的近十倍。

所以，通信技术在经济发展、社会生活中扮演着举足轻重的角色。

仔细观察前40年的通信技术发展史，我们可以发现，通信技术的前4次跃迁的引领者都是当时相对发达的西方国家企业。这些企业在其中搅动风云，成为通信技术革命中最大的获益者，而中国只是被动地参与和接受。在之前的40年中，通信技术的核心在西方，制定行业标准的是西方，中国只能购买、遵守，因此受制于人。

进入21世纪第二个10年后，5G的争夺战更加激烈。但这一次，在全球最新的5G潮流面前，我们可以自豪地说，5G的出发点在中国，以华为为代表的中国企业终于将核心技术率先掌握在自己手里，参与到国际行业标准的制定中，在信息传递这一关乎国计民生、关乎国防的重要领域，第一次掌握了主动权。

掌握了5G意味着什么？意味着拥有平均700Mbps的下载速率和每秒百兆的下载速度。时间的限制在5G时代已经被完全突破，信息传递的速度前所未有。速度其实只是5G最基础的功能。在此基础上，中国作为5G标准的制定者之一，在智能机器人、物联网、城市数字化等领域都占据了优先地位。

5G 的传播离不开密布的基站。中国移动、中国联通等几家移动运营商和政府配合，在各地安装无线基站。在有基站覆盖的地方，我们的手机就可以打电话、上网，及时传递信息。现在，我们已经把 5G 基站架设到了珠穆朗玛峰，实现了从 5300 米珠峰大本营到峰顶登山路线的全线覆盖。

这也为珠峰科考提供了全面的通信保障。2022 年 5 月 4 日，中央电视台对科考团队登顶过程进行了峰顶高清视频直播，画面流畅，让全世界都看到了中国的壮举。在如此高海拔的恶劣环境下架设基站，前所未有。这也是我国 5G 应用技术的一次全面突破。

当前，我们的 5G 应用技术能上珠峰、下煤矿、进海港，我国通信技术始终在向高峰攀登。

其实不只是通信技术领域，所有的科学技术

领域都是如此，核心技术的缺失意味着永远受制于人，只有率先突破才能把握先机。“科技强国”绝对不是一句空话，科技强国的梦想需要我们每个人的努力。相信你在未来一定可以用自己的智慧和发明创造，帮助祖国发展得更好。

想一想

现在很多国家开始布局卫星，发展星空互联网，这就是6G网络。未来只要维护卫星网络，无须到处布设基站，就可以让信息传递得更安全、更快捷。想一想，6G如果蓬勃发展起来，会给我们带来什么样的新机遇和新挑战呢？

- 半导体

- 核心技术垄断

- 自主研发

THINKING

什么是
芯片，

为什么会
出现“芯
片荒”？

在科技飞速发展的今天，生活与电子产品的关联已经变得越来越紧密。你可以想一想，拿起遥控器打开空调，使用手机随时随地与家人、朋友联络，用电脑上网查找资料，乘坐汽车出行……这些场景你是不是早就习以为常了呢？可以说，电子产品给我们的生活带来了极大的便利，现如今，我们已经很难想象没有电子产品的生活将是什么样子。

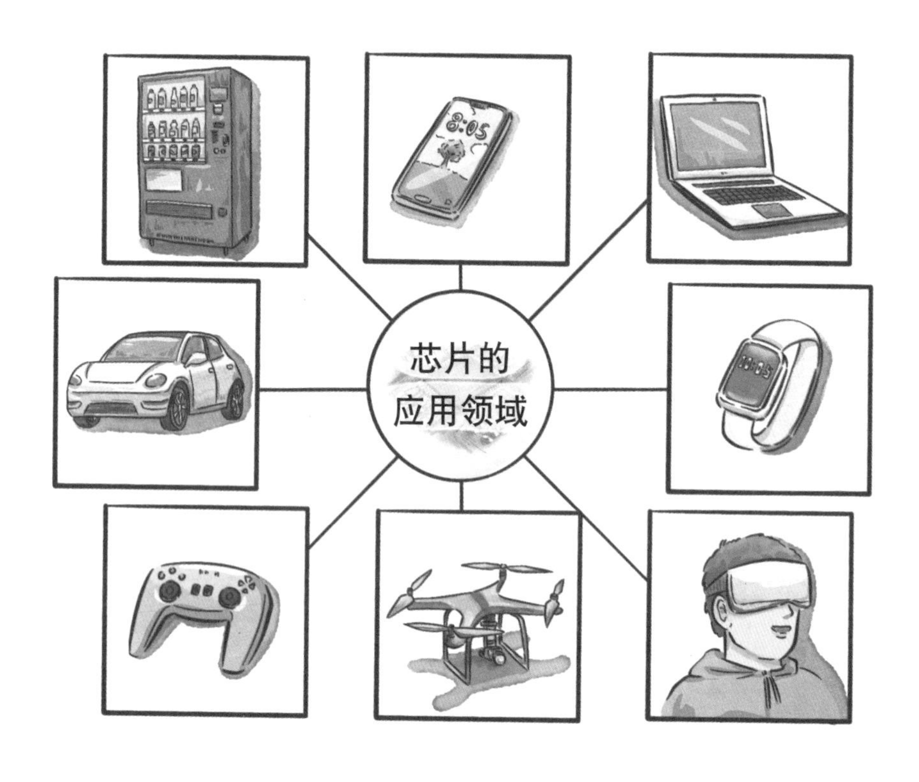

如果没有芯片，很多电子产品的生产将无以为继，导致我们没有电子产品可用。这听起来似乎很荒唐，但其实是有可能出现的。如果你经常关注新闻，就会发现“芯片荒”这个词最近被频繁提及。如果你的家人从事的行业和汽车、交通有关，他们的感受可能会更明显。

那么，到底什么是“芯片”？为什么芯片会对我们的生活产生这么大的影响？看完这篇文章，相信你会对这些问题，也会对自己的日常生活有更多的了解。

芯片是什么？

芯片，是“半导体元件产品”的全称，用通俗的话说，就是电子产品的控制中心。只有芯片通电之后开始运转，各种数据、指令才能被传输到电子产品的各个部分，电子产品才能够运行。

现在，为了方便携带，手机、笔记本电脑这些电子产品都被做得很轻便。要知道，人类的第一台电脑于 1946 年在美国诞生时，占地面积整整 170 平方米，足有 30 吨重！和现在只有几毫米厚的精巧、轻薄的笔记本电脑比起来，可以说是庞然巨物也毫不夸张。

随着电子产品的体积越来越小，功能越来越丰富，留给内部装配芯片的空间自然也越来越狭窄。所以，科学家就开始研究，怎样让芯片在不影响使用的前提下变得更小一点儿。

别看一部手机只有巴掌大小，内部的构成可是复杂到了极点，到处是密密麻麻的线路、接口，还能看到里面有方形的黑色薄片部件。如果看到有许多银色的或者透明的线路从黑色部件上延伸出来，连接到其他地方，那这个零部件就是芯片。

你仔细观察就会发现，一部手机里不止一块黑色芯片，这是因为需要不同的芯片负责不同的功能。比如，有的芯片管理手机的声音，有的芯片管理图像，还有芯片负责更复杂的指令传输，等等。一部手机里起码要有上百块芯片，才能保证手机各种功能的正常运转。如果拆掉其中一块芯片，手机里的

一些功能可能就失灵了，当然也有可能会让整部手机都无法使用。

芯片是所有高科技电子产品的核心。现在，如果厂家没有芯片，就造不出能满足人们需求的高科技电子产品。所以，“芯片”是核心技术的代名词。

为什么会出现“芯片荒”？

既然芯片这么重要，肯定有很多科学家、生产商都在制造芯片，那为什么还会出现“芯片荒”呢？因为高端芯片研发的难度非常高。一块芯片看起来小小的、黑黑的，朴实无华，世界上最小的芯片甚至总体积不到0.1立方毫米，放在桌面上都不一定看得见，而内部却包括了无数个电路，错综复杂地组合在一起，每一条电路都能够按照设定好的程序来运行，这是多么复杂的技术！

电路，通常是用铜线做的，但在芯片中，为了最大限度地减小体积、提高运行效率，需要用到一种叫作“晶体管”的东西。晶体管的制作难度比普通的铜线要高得多。

现在，国际上有能力独立研发、制作芯片的公司并不多，只有高通、英伟达等寥寥几家知名芯片公司有这种实力，其中大多数来自美国。

你可以思考一下，能够生产芯片的公司这么少，市场的需求又这么大，会出现什么样的情况呢？当然会出现芯片的供应量不够，有需求方买不到芯片的情况。那么这时候，这些芯片卖给谁就是生产商说了算。如果这些美国的芯片公司不愿意把芯片卖给其他国家怎么办呢？其他国家不就没法生产电子产品了吗？

2020年出现“芯片荒”的根本原因就是芯片的核心技术掌握在少数国家手里，当他们限制芯片进口和出口，不允许出口芯片给其他国家，或者让购买芯片的成本变高时，全球的芯片市场都会受到影响。

美国为了限制中国华为等企业的芯片研发，制裁并处罚了以华为为代表的一批中国企业，通过罚款、限制出口等方法，让芯片产量大大减少，再加上新冠肺炎疫情对经济的冲击，导致了全球范围内的“芯片荒”。许多汽车企业因此陷入“无芯可用”的困境，直到2022年才逐渐好转。

为了避免这样的困境再次出现，有实力的国家都在探索芯片制造的技术。中国也在这方面投入了很多资金，有了华为海思、中芯国际等芯片公司。比如，华为自主研发的手机芯片“麒麟990”里就包含了103亿颗晶体管，在世界上也属于非常先进的技术。

核心技术独立的重要性

2022年10月7日，美国商务部发布多项对华芯片出口管制措施，不仅限制出口，还封锁技术。虽然“芯片荒”带来的影响在慢慢变小，但作为一个全球级别的重要事件，是不是也让我们产生了更多的思考呢？

“芯片荒”的根本原因在于芯片制造这样的核心技术掌握在美国等少数国家手中，形成了技术垄断。垄断指一个行业里只有一家公司能够提供产品，那么买家就只能从这家公司购买产品。我们的生活中也会出现类似的情况，比如，你非常喜欢一套漫画，非要不可，但这套漫画只有一家商店出售，这就是垄断。商店的主人知道你不可能从别人那里买到，所以就会把价格定得非常高，你不得不用一个完全不合理的价格买下这套漫画。

所以，当你想要的商品被商家垄断销售时，你可能会感觉很无奈。更何况在当代社会，国家的安全管理与芯片息息相关，如果芯片的核心技术一直掌握在别人手里，国家安全都无法保障。

因为掌握核心技术就可以垄断市场，控制别的国家，所以美国不希望其他国家掌握芯片技术，打破自己的垄断地位，就经常打压其他国家的芯片研发和生产。

面对美国的打压，包括华为在内的一批中国企业，承受着巨大的压力，投入无数资金、人力开始自主研发芯片，最终“骁龙”“麒麟”等系列芯片的问世，让中国成为世界上为数不多的、能够自主研发芯片的国家之一。

致少年

无论是 2020 年的“芯片荒”，还是更早一些的被西方国家打压、中国企业黯然离场，都在告诉我们掌握核心技术的重要性。虽然中国现在已经能够独立研发芯片，但在高端芯片等领域依然有进步的空间，没有完全摆脱美国等西方国家的芯片控制，所以芯片制造等高精尖科技是我们国家的发展重心之一。

中国的近代史是一部被列强侵略的屈辱史，所以从小长辈就告诉我们国家独立的重要性。“独立”的真正含义，不仅指政治上要独立、经济上要独立，而且科技、文化等所有方面都要独立。独立并不是拒绝和别人交流沟通，而是在受到别人威胁的情况下，能够拥有说“不”的底气和实力。

我们国家一直在强调科技进步、科技自主、科技创新，这是新时代提出的新挑战，是迈向全球化的重要一步。

未来中国科技的发展，乃至世界科技的进步，需要每一位青少年去努力实现。

想一想

芯片的制作和发展与哪些因素有关呢？如何才能更有效地保证芯片供应量充足？

- 语音助手
- 人脸识别
- 智能推荐

THINKING

为什么说 AI 是人类的又一次技术革命？

“Hey Siri，帮我定个10点的闹钟。”“天猫精灵，播放古诗《静夜思》。”这样的场景同学们一定不陌生。如今在我们的生活中，大家越来越多地借助Siri、天猫精灵或者小度这样的语音助手来帮助自己做一些事情。这背后其实蕴藏着AI（人工智能）——一种可以被称作人类史上又一次技术革命的新技术。

什么是 AI？

AI是Artificial Intelligence的缩写，意思就是“人工智能”。简单来说，AI可以帮助机器像人脑一样思考，让机器也具有学习能力，从而做出聪明的选择，解决各种问题。

在了解AI之前，我们先了解一下人的大脑。我们每个人刚出生的时候几乎什么都不懂，不理解爸爸妈妈在说什么，也不会认图识字、计算推理，但是随着慢慢成长，我们会学习各种本领，变得越来越厉害。这是因为人是一种智慧生物，人类发达的大脑皮层让我们可以学会语言交流、计算和逻辑推理。

但是，人类的大脑也有局限性，和计算机的运算速度相比差距很大。而且，如果你一直学习，没有休息，过不了多久就会觉得非常累，脑子“转不动”

了，这就表明你的大脑处理能力不够了。

约 1800 年前，中国人发明了算盘，第一次实现了给人脑加减乘除工作量的“减负”。1936 年，英国数学家图灵提出了一种以程序和输入数据相互作用产生输出的计算模型——图灵机。他将人们使用纸笔进行数学运算的过程进行抽象，由一个虚拟的机器替代人类进行数学运算。这一模型就是当代计算机，也就是我们俗称的“电脑”的雏形。后来，计算机的出现大大满足了人们对计算的需求，除了加减乘除，微积分、代数这些复杂计算也不再是难事。随着芯片的不断更迭，计算机在算术和逻辑推理能力方面大大超过了人脑的能力。比如，人可能一辈子也算不出来的一道数学题，计算机只需要几秒就可以得出答案，而且计算机可以连续不断地工作，几乎不需要休息。

尽管如此，电脑依然不能完全取代人脑。虽然人脑的计算能力赶不上计算机，但是人类有计算机没有的许多能力，比如，用语言交流的能力，可以轻松地分辨苹果和橘子的能力，可以创造艺术的能力，可以通过观察鸟类发明飞机的能力……这些都是计算机无法做到的。但有没有一种技术可以做到这些事情呢？

1958年，科学家研究猫的大脑时发现，当猫看到一张从面前闪过的图片时，大脑中有几种不同的神经元被激活。有的神经元对图片的形状感兴趣，有的神经元对图片的颜色感兴趣，在几种类型的神经元的作用下，猫便认出了图片中的鱼，并流出口水。

科学家受到这个实验的启发，思考是不是计算机也可以模拟这个机制实现类似动物大脑的智慧活动。一次次的努力后，2012年，AI技术第一次实现了重大突破，一种深度神经网络技术被用于识别图片，其识别能力接近普通人的能力。2014年，美国技术公司谷歌终于用 22 层的神经网络连接，在视觉识别上达到了人类大脑的水平。

后来在短短几年内，AI 的开发应用呈现爆发式增长，AI 技术也被越来越多地应用在现实生活中。

我们身边有哪些 AI 的应用？

比如在文章开头提到的语音助手，就是一种会“识别语音”的 AI。一般来说，你需要说出某些关键词激活这类语音助手，这些关键词通常就是它的名字，比如“Hey Siri”“小度小度”“天猫精灵”，然后它就可以根据你的口头指令执行任务。当你问它“今天的天气怎么样？”的时候，它就收到了关键词“今天”“天气”。于是，它会根据你的无线网络地址确定你所在的地点，比如“北京市朝阳区”，接着进行网络搜索，找到相关的天气预报信息，再通过语音播报的形式告诉你。

目前，语音助手可以做的事情有限：它们可以利用网络搜索回答一些常识、知识类的基本问题，可以帮助你设置闹钟，可以获取有关天气的信息，可以播放歌曲，可以执行计算，可以帮助你阅读有声读

物……但是，如果你问它“现在我家有几个人？”这样的问题，因为没有接受过相关训练，在网络上也找不到答案，语音助手就没法回答了。

除了语音助手，“智能推荐”也是大家每天会接触到的一种 AI 技术。比如我们在浏览一些网站的时候，会发现很多内容都是自己感兴趣的，这是因为不少网站，尤其是社交网站，都会植入“智能推荐”AI。它会记住你以前看过、听过的内容，也会记住你喜欢点赞的内容，然后把和你兴趣一致的人看过和喜欢的内容汇总在一起，根据算法再推荐给你。类似的还有购物网站，它会根据你曾经搜索过什么、购买过什么，给你推送个性化定制的内容。

另外，还有一种常见的 AI 技术就是人脸识别。手机可以用它解锁屏幕、登录应用，支付宝可以用它“刷脸”支付，各种场所也可以用“刷脸”来打开门禁。通过把你的面部特征存储在系统中，外加上 AI

的分析能力，即使你变换表情或是戴上眼镜，大部分AI也能识别出来。

和我们现在用的编程计算机不同的是，AI可以让计算机根据“经验”来自己做出判断、解决问题，就像人的大脑一样。举个例子：你想让计算机区分狗和猫的图片，那么你就需要把很多带有狗和猫的照片展示给机器看，并告诉它这张是狗、那张是猫。有了足够多的照片之后，机器就会找到规律，学会识别狗和猫的区别。它有可能自己总结出来：猫的鼻子更短，狗的体形更大……然后利用自己总结出来的规律，去判断一张新的照片上是狗还是猫。

除了人脸识别外，已经有许许多多的行业利用AI的视觉判断能力研发新技术。比如，无人驾驶的车辆就装有经过训练的AI。它可以帮助车辆识别和跟踪交通信号灯，车辆中的传感器和AI相连可以确保它们不会在途中撞到其他车辆。这里用到的计算机视觉技术，和前面说到的识别猫、狗图片的技术类似。计算机通过学习大量的交通路况图像、视频，从而学会获取有意义的信息，比如红灯、前面有车，并根据这些输入采取行动，比如刹车。

除此之外，有些条件较好的医院也已经开始利用AI帮助医生识别CT图像中显示的早期肿瘤。如果依靠人类的肉眼观察，一些早期的小肿瘤只有少数有丰富经验的医生才有能力观察到，而AI识别系统的能力已经超越一些专业的医生，识别的准确率达90%以上。

短短数年时间，AI已经实现了上万种应用，自动化驾驶、自动化医疗诊断、智慧城市安全监控都成为现实。更有形形色色的AI应用让我们惊叹人工智能的强大，比如围棋技术高超的AI程序阿尔法狗(Alpha Go)，面对17岁就排名世界第一的天才围棋大师柯洁，居然以3：0击败了他！

AI 以后还会有哪些突破呢？值得我们拭目以待。

思索并拥抱由 AI 主导的未来

和世界上的很多事物一样，AI 技术是一把双刃剑，它在给我们带来高效、便捷的同时也会产生一些问题。例如，AI 的背后往往需要大量数据的支持，当我们的个人隐私信息被技术公司搜集之后，会不会被泄露？它们会不会利用这些数据牟利？另外，AI 掀起的这场新一代的技术革命势必会淘汰许多可以由机器替代的职位，比如，智能监控设备会代替各种场所的保安，无人驾驶车辆会淘汰货车司机，智能检测设备会取代工厂流水线上的质检工人，等等。

但是当我们回顾历史就会发现，每当出现新的技术革命，一些职业消失的同时也会诞生一些新的职业。例如，在计算机蓬勃发展之后，资料管理人员减少了，但是程序员却兴起了。同样地，AI 技术革命也会带来新的职业，比如利用大量数据去训练神经网络的 AI 训练师、负责整理挖掘有价值数据的大数据分析师等。所以，大家没有必要一味担心和恐慌，而是应该认真思考如何为这样一个新时代的到来而做好准备。

致少年

AI 在目前阶段虽然已经被广泛运用到各行各业，但从整个技术的发展维度来说，依然只是刚刚起步。未来，AI 技术有着无限广阔的发展空间。希望你不断学习和了解 AI，投身到属于这个时代的技术革命浪潮之中！

想一想

找到你身边的 AI 运用，想一想还可以增加什么样的功能？如果选 3 样家里的物品，让它们具备 AI 功能，你会选择哪 3 样，希望它们能够实现哪些功能？

- 意念控制
- 实际应用
- 未来前景

THINKING

让猴子用意念玩游戏的脑机接口技术有多神奇？

猴子居然可以玩电子游戏？而且不用上手，仅靠想一想就可以玩？这怎么可能？2021 年 4 月，一段视频展示了一只猴子在没有游戏操纵杆的情况下，仅用大脑意念玩一款乒乓球电子游戏的过程。

这是美国神经科技公司 Neuralink 在大脑控制研究上的最新突破。很多在科幻中才能出现的事，居然成真了，而这个成就主要依靠的就是一种植入式的脑机接口技术。

什么是脑机接口？

从字面上看，脑机接口就是连接大脑和计算机的一个东西，简称BCI，是英文Brain Computer Interface的缩写。也就是说，人类大脑可以和计算机连接。这就意味着我们的想法可以通过机器传递，机器也可以主动分析大脑活动的信息。从理论上说，我们可以用大脑中的“想法”和“意念”控制计算机、机器人等。

其实，很多科幻作品里都描绘过类似的情景。比如：早在2009年上映的电影《阿凡达》中，主角就用意念控制了阿凡达的身体，飞到遥远的潘多拉星球开采资源；电影《钢铁侠》中，可以通过意念控制套在身体外面的机械盔甲；电影《黑客帝国》里，主人公尼奥被一根数据线将脑部芯片和虚拟世界连接，便置身于一个分不清真假的由机器人创造的世界中。

听起来是不是有点不可思议？这些大胆的想法现在逐渐成了现实。在猴子用意念玩电脑游戏这个实验中，科学家们先用 AI 算法学习猴子的脑电波和手部动作之间的对应关系，从而有了用脑电波预测动作的能力，然后将脑机接口芯片植入猴子的大脑。在猴子用意念玩游戏时，植入的芯片会探测猴脑所释放的脑电波信号，并且参照之前收集的数据判断猴子想做什么动作，再通过连接软件控制游戏光标，从而达到“意念控制”的效果。

目前的脑机接口主要有两种类型，其中一种比较简单，只需要在头上戴一些设备就可以，这种类型叫

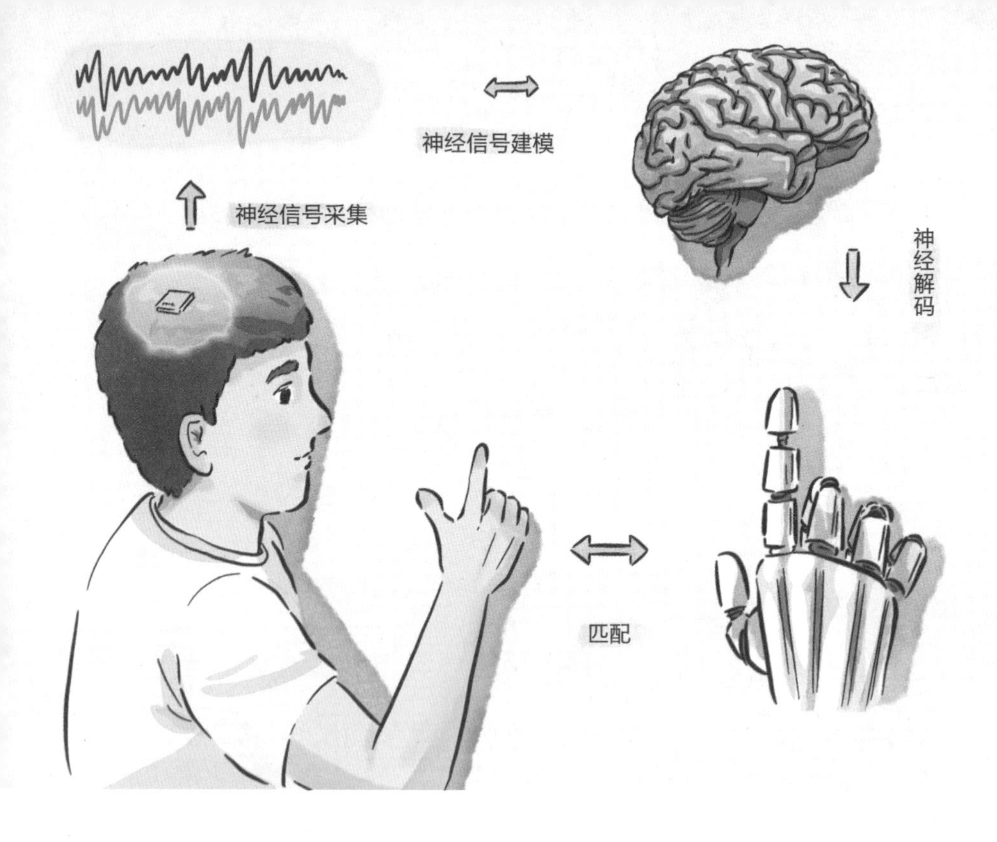

作非入侵式。

这种类型操作起来比较简单，但是也有很大的缺陷。你可以想一想，人类的大脑是如此复杂的立体组织，如果接口不能直接接触到大脑，那么就无法精确接收到微弱的脑电波信号。

所以想精确地接收大脑产生的脑电波信号，最理想的方式就是“入侵式接口”——把接口植入大脑内部。为了把接口植入脑中，得先在人的头部开个洞，才能把接口放进去。

脑内植入听起来有点可怕，实际上也确实存在一些健康风险。比如，把接口放入大脑后，会不会导致大脑发生感染？会不会破坏大脑组织？

在猴子玩电脑游戏这个实验中，科学家们为了降低植入芯片造成的健康风险，努力把芯片做得很小，而且无须频繁地取出、放入。除此之外，他们还在探测器精准度上下功夫。探测器被打造成非常细的线，而且每根线上有 32 个电极，一次最多只用植入 96 根线，就可以达到 3072 个电极。电极越多，对大脑信号的侦测就越准确。

为了把“细线”安置在大脑恰当的位置，Neuralink 团队还专门研发了一个“穿线机器人”。它可以利用特制的摄像机和定位系统，把探测器细线精确植入到目标位置，并避开血管。穿线机器人是无菌的，还能自动进行超声波清洁，因此降低了大脑发生感染的风险。

脑机接口的实际应用和未来前景

脑机接口已经问世多年，目前主要被用于修复人们的健康问题。比如在2002年，一位盲人就通过植入皮层视觉假体，让自己的大脑绕过眼睛直接感知周围世界的形状和轮廓，一段时间后，他甚至能够缓慢开车。但是遗憾的是，芯片最终扰乱了大脑的正常功能，导致他患上了其他疾病，最后不得不将芯片取出。

2020年，我国浙江大学第二人民医院在一位高位截瘫志愿者张先生的运动皮层植入电极。经过训练

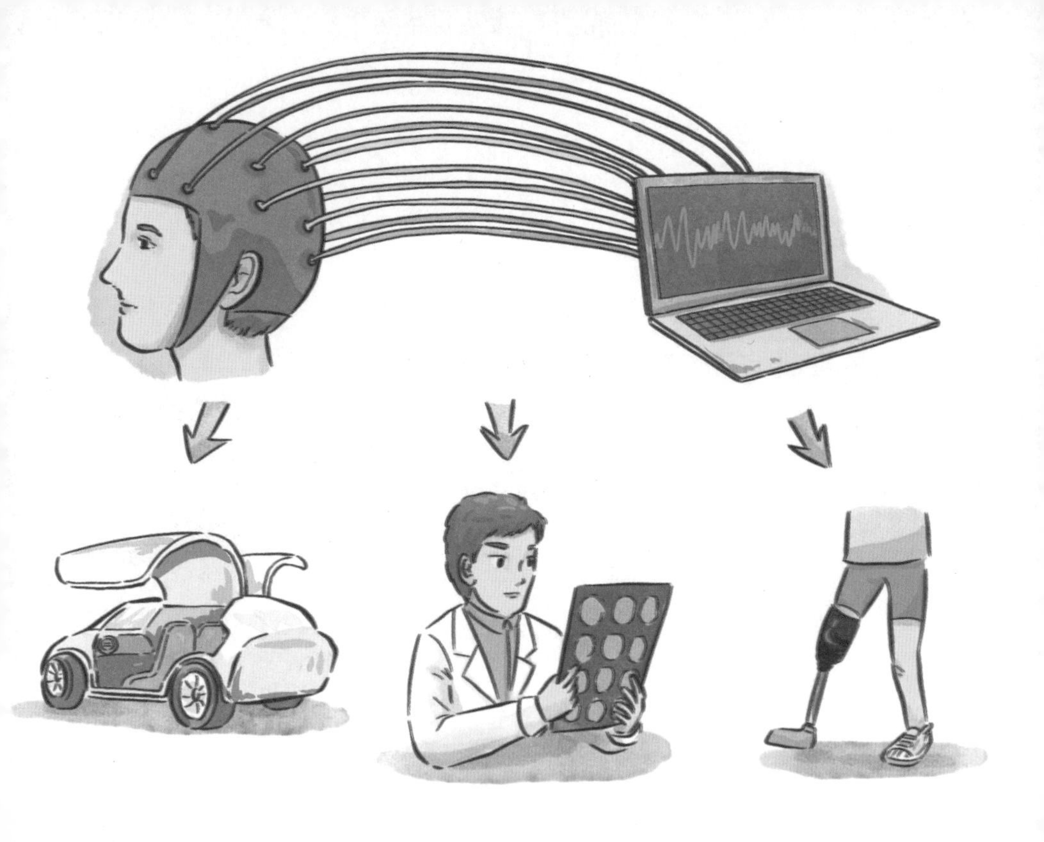

后，张先生可以通过意念控制机械手臂完成喝水、握手等一系列动作。

不过在这个案例中，被植入大脑的电极阵列只有100个采集点，比在猴子玩电脑游戏的实验中使用的几千个电极阵列少了很多。

当下科学家的研究焦点是怎样才能让脑机接口变得既安全又精确。除了Neuralink团队外，还有其他科学家正在尝试不需要由脑植入的脑机接口装置，比如在胸前开一个很小的创口，然后让电极沿着脖子上的血管伸进脑中。这种方法相对外部配的脑机接口来说精确得多，又比由脑植入的方法更安全，但是因为电极只能停留在大血管里，无法进入较细的血管，所以能接触到的大脑区域依然有限。随着研究的不断深入，我们相信，未来脑机接口在安全度和精准度上都会变得愈加成熟。

除了安全和精确性的提升外，实现脑机接口技术突破的另一个难题在于人类对自己大脑的认识程度。比如，上面提到的两个案例中，因为科学家能比较准确地定位到大脑的视觉区和运动皮层，才使得信号传输实现相应的功能。

人脑是一个非常复杂的结构，还有许多未解之谜等着我们去揭开。大家都有过背诵的经历，不管是一首唐诗还是一篇演讲稿，我们总是需要反复诵读、不断复习才能把它们记在脑子里。有些同学可能不擅长背诵，每每需要背诵的时候就会想：要是我有哆啦A梦的“记忆面包”就好了！把“记忆面包”压在书上，再把“面包”吃下去，里面的知识就能自动进入脑子里。

脑机接口的出现，让我们看到了这种想法实现的可能性。因为在数字时代，书本上的知识都能被转化成电子数据。在未来，我们也许可以将电子版的知识转化成电信号传入我们的大脑，那么不需要主动记忆、背诵，我们就能直接获得这些内容。不过，目前实现这一点还是很有难度的。因为我们对人脑的了解十分有限，还不是非常清楚人的记忆具体储存在哪里。换句话说，即使有了传输信号的技术，科学家也不知道把信号传送到哪里。转移记忆，或者通过传输记忆快速学习新知识的想法，目前依然只能停留在想象阶段。

当然，除了直接将计算机里的内容灌输到脑中，脑机接口带给我们的可能性不止于此。

我们在上一篇关于 AI 的文章中提到过，AI 可以通过大数据分析和深度学习，用比人脑高效得多的方式创造出新东西。那么将来 AI 会不会比人类更聪明，到时候不是人类控制 AI，而是反过来人类被 AI 所控制呢？如果借助脑机接口技术，人类的大脑和计算机连接，人脑的学习、记忆效率就可以大大提升。举个简单的例子，我想发一封邮件，需要打开电脑，再登录邮箱，然后用手在键盘上打字，再点击鼠标发送，最终完成这件事情。如果我的大脑直接连接了计算机，我只需要想一下这件事情，计算机就可以直接把邮件发出去，这就大大提升了人类的能力和做事的效率。

还有，在后文有关“元宇宙”的文章里提到的元宇宙——可以和现实世界交互的虚拟世界，它的终极形式又会是什么样的呢？

在电影《头号玩家》中，现实世界中的人通过一套虚拟现实装备、一套超纤维传感器设备服，就能进入比现实世界丰富多彩得多的虚拟世界“绿洲”。而有了脑机接口技术之后，我们甚至不需要任何设备来模拟触觉、味觉等感官体验，只需要把相应信号传输到我们大脑的对应部分，就可以制造“触摸”“品尝”的体验；我们也不需要肢体动作，更不需要说话，只要在脑中一想就能传递并接收信息，直接跟外界进行沟通，进行意念交流……

这听起来是不是很酷？要注意的是，这种宏伟愿景的背后也藏着隐患，比如，个人隐私问题。本来你可以选择是否把自己的想法说出来，但是一旦人脑和计算机连接，那么你的思想就可以直接被别人读取，毫无躲藏的空间。再比如，万一你的思想被黑客攻击了怎么办？电脑可以重置，那人脑呢？

致少年

科技的发展，会为我们的生活带来很多便利。脑机接口的出现，其初衷和本质也是为了更好地服务人类。但科技的发展往往也会带来一些问题，如何让科技更有效地造福人类，而不是凌驾于人类之上，也是我们在发展过程中需要关注并努力避免的事情。期待你的成长，能够为世界带来不一样的变化。

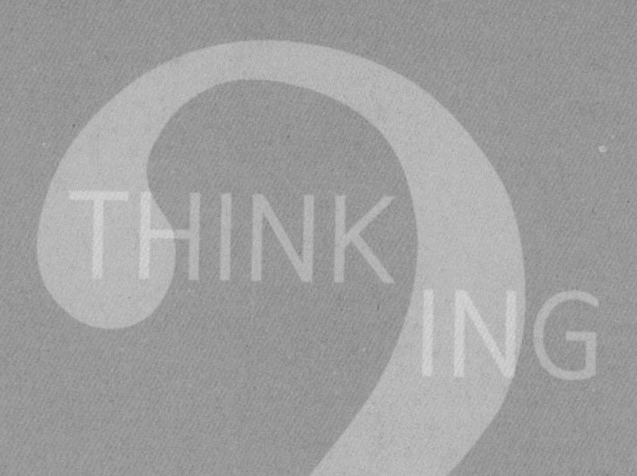

想一想

你觉得未来脑机接口还有哪些应用？你对这种技术的出现是感到欣喜还是担忧？等脑机接口技术成熟并且普及的那一天，你想用它做什么呢？

- 染色体

- 基因剪刀

- 生物品种改良

THINKTING

为什么说基因编辑是改写生命密码的“魔法剪刀”？

你听说过“基因编辑”吗？这个词近几年常常出现在新闻报道中，尤其在 2020 年诺贝尔化学奖被授予两位开发出 CRISPR/Cas9 基因编辑技术的女科学家之后，不少普通人也关注起“基因编辑”这项技术。

这项获得诺贝尔化学奖的技术又被叫作“基因剪刀”，能对 DNA 进行“定点”切割，从而使得科学家可以像在 Word 文档中进行查找、替换或删除一样对基因进行编辑，从而改写生命密码。这项技术堪称21世纪最重要的生物学发现之一。

基因是什么？

想了解基因编辑技术的神奇之处，我们得先明白基因是什么。你有没有想过这些问题：为什么你和自己的爸爸妈妈长得很像？为什么人生下来的是人类的宝宝，而不会是其他动物或者植物的宝宝？

这些问题的答案都和基因有关。“基因”是英语单词“gene”的音译，也被称为“遗传因子”。基因里储存着物种的遗传信息，也就是说，生物在繁衍下一代的时候，会把基因传递下去，让下一代延续上一代的大部分特征。基因不仅仅存在于人类身上，所有的生命都有基因。可以说，基因是控制生物性状的基本遗传单位，是生命的密码。

这些重要的基因在哪里呢？人类的绝大多数基因储存在染色体中。而染色体又在哪里呢？答案是它在细胞里，更确切地说，在细胞核里。大家都吃过桃子，知道桃子中间有个果核，细胞核像桃子核一样通常位于细胞中央，相当于细胞的大脑，告诉细胞的每个部分要做什么。

人类的身体里有几十亿个细胞，而每个细胞核里有 46 条染色体，或者说 23 对染色体，一半来自父亲，一半来自母亲。这些染色体是由脱氧核糖核酸（DNA）构成的，而 DNA 又是由 A（腺嘌呤）、T（胸腺嘧啶）、G（鸟嘌呤）和 C（胞嘧啶）4 种碱基构成的。根据目前的科学理论，DNA 上的大多数片段并没有遗传功能，其中少数能够发挥遗传效应的 DNA 片段就叫作基因。每一条染色体中大约含有几百个甚至几千个基因。虽然它们小到只有在显微镜下才能看到，却包含了几乎所有关于人体的秘密。

我们都知道，蛋白质是我们身体的基石，骨骼、牙齿、肌肉和血液都有蛋白质参与组成。而基因的任务就是指导细胞制造特定的蛋白质。

就像我们在写文章的时候难免会有错别字一样，有时候，这些数量庞大的基因在工作时也难免出错，产生一些会导致各类疾病的基因。而有了基因编辑这把“魔法剪刀”，科学家就有望修正人类基因组中的这些“错别字”，从而达到治疗疾病，尤其是治疗遗传疾病的目的。

基因剪刀是如何工作的？

基因剪刀想成功修改基因，达到治疗疾病的目的，需要满足以下两个条件：第一，知道该疾病是哪个基因造成的；第二，有精准定位剪切基因并替换成正常基因的能力。

包括2020年诺贝尔化学奖获得者在内的几代科学家一直在研究突破的就是第二点。随着科学技术不断进步，基因编辑技术日趋精准，对基因组的编辑也变得越来越简单。

而关于第一点的实现，我们不得不提到人类基因组图谱的绘制工作。在2001年，由美、英、法、德、日和中国共同参与的国际人类基因组公布了首个人类基因组图谱。这6个国家的科学家对人类23对染色体上的DNA进行大规模测序，最终绘制出一张人类基因组的图谱，为人类揭开自身奥秘奠定了坚实的基础。但该图谱有大约 8% 的“空白”间隙，人类还不能完全掌握基因的秘密。

2022 年，随着基因剪刀技术日趋成熟，人类终于绘制出了完整的、无间隙的人类基因组序列。

基因图谱的完成好像编撰了一本大字典，里面罗列了 31 亿个由 A、T、G、C 排列组合而成的序列，以供科学家研究基因时参考。在此基础上，科学家正在努力读懂这本大字典里的信息。也就是说，一个基因由哪些碱基按什么顺序排列，以及这个基因决定了人类的什么特征。

举个例子，科学家已经知道造成一种叫作“镰状细胞贫血”疾病的基因所在的位置，同时发现这种疾病是由于该 DNA 片段中的一段 CTT 碱基序列变成 CAT 碱基序列所致。因此，想治疗这种遗传性贫血症，就可以利用基因剪刀技术把这段造成镰状细胞贫血病的基因修复为 CTT 即可。

目前，基因编辑技术已经在诸如转甲状腺素淀粉样变性病、先天性黑蒙症等一些罕见病、遗传病领域初显成效。

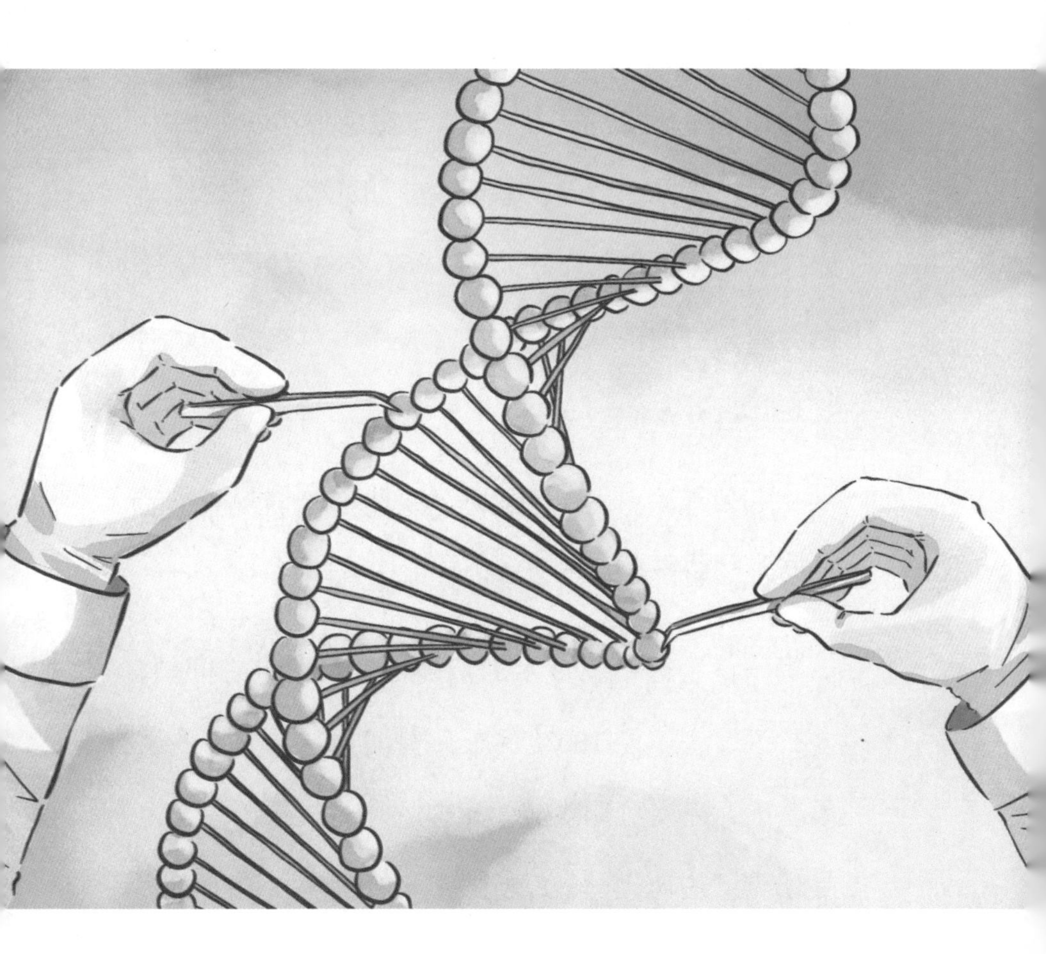

举世震惊的基因编辑婴儿

在开启一个能带来医疗奇迹的新世界同时，基因编辑技术也引发了伦理道德的争议。

2018 年，发生了一件让世界震惊的事情：由中国科学家贺建奎主导的“基因编辑婴儿项目”在 6 对夫妇的受精卵上修改了一个名叫 CCR5 的基因，使其出生后能天然抵抗艾滋病，并且其中一对夫妇的双胞胎婴儿已经诞生，取名为露露和娜娜。

这一消息一出，科学界哗然，纷纷谴责贺建奎的这种做法。反对声音主要集中在以下几点：

第一，基因编辑技术的精确程度目前存在问题，也就是说，它不能 100% 保证只剪切掉想要剪切的那一段基因，还有可能对其他相似的地方进行编辑，也就是所谓“脱靶”。所以这项技术虽然在科研中有广泛应用，但是科学家对把它用在人体上，尤其是人类的胚胎上持非常谨慎的态度，因为一旦其他有重要功能的基因被错误改动，会导致不可想象的后果。

第二，虽然修改 CCR5 后可以降低患艾滋病的概率，但不能对所有类型的艾滋病病毒产生抵抗力。而且，CCR5 是绝大部分人都具有的正常基因，并不是致病基因，有这个基因并不意味着会得艾滋病，因为感染艾滋病病毒是后天的行为导致的，是小概率事件。为了预防一个后天的小概率事件去改动一个有重要的生理功能的正常基因，绝不是一个正确的选择。

第三，预防艾滋病完全有更好、更安全的方法。而且，即使不幸感染了艾滋病，它也早已不是绝症，患者通过药物控制可以过上正常的生活。

第四，被修改基因的孩子将会终生携带这些被修改过的基因，并把它们传给自己的下一代。基因的人为变动会给这些孩子，以及他们的后代带来什么影响，目前没有人可以预计。

最终，贺建奎因为非法行医罪被判有期徒刑3年。

“潘多拉魔盒”被打开？

这个基因编辑受精卵实验的实质就是——用一种不成熟的技术毫无必要地改动一个有重要生理功能的基因，给婴儿带来了天生免疫缺陷的风险。因此，不少人对基因编辑感到担忧，改变人体的遗传密码会不会像打开了潘多拉魔盒，从而带来巨大的危害和风险？

基因编辑技术的应用前景

和很多其他问题一样，对于基因编辑这种技术，我们也应该辩证地看待。

首先不可否认的是，随着技术的不断成熟，基因编辑发挥着越来越大的作用。它不仅可以为人类解决部分遗传、育种等问题，而且已经在农业领域取得了突破性成就。例如，中国农业大学与新疆畜牧科学院的研究人员就利用基因编辑技术对家养绵羊进行了品种改良，将容易患感染性疾病的长尾羊培育成了更为优质的短尾品种。

但与此同时，我们也要制定合理的监管制度，尤其是对基因编辑技术在人体上的使用要做出明确规范。就目前来说，基因编辑禁止在人体精子或卵细胞这样的生殖细胞中进行，因为在生殖细胞中进行基因

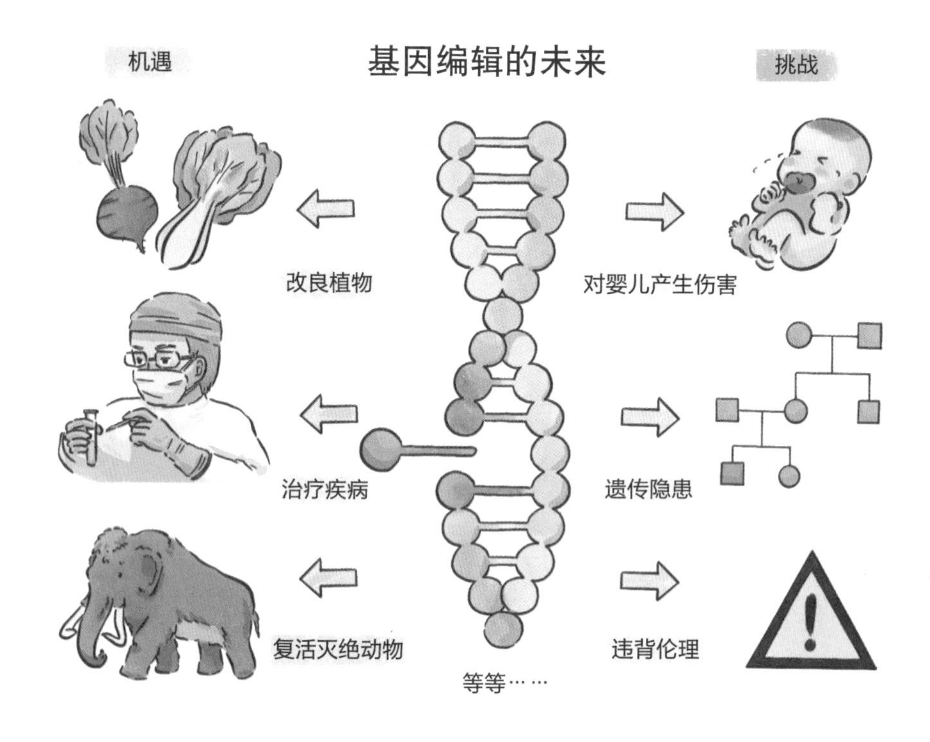

编辑，可能通过繁殖影响下一代，甚至改变更多人。我们有权利决定自己，但未必有权利影响下一代。

在大自然面前，人类需要学习和探索的知识还有很多。尽管随着科学的发展，我们对人体有着越来越深入的了解，但是很大程度上我们的这些认识不够全面，我们认为的所谓“坏基因”，说不定也有其重要的作用。例如，科学家发现有一个基因会影响人的记忆能力。记忆力强是我们公认的“好”，但是殊不知，科学家发现，拥有较差记忆力基因的人因为不容易记住伤心的事，患抑郁症的概率也较低。因此在不同的场景下，不同的基因类型会发挥不同的作用，人类如果武断地去删减、更改一些我们自认为“不好”的基因，很有可能带来灾难。

致少年

基因编辑技术既不应被神化，也不应被当作洪水猛兽。未来，基因编辑技术会更加成熟，相关制度也会更加完善。而未来破译基因密码的钥匙就在大家手中，你们的努力探索和创新，也许就会引导人类走向更光明的未来。

想一想

假设有朝一日，基因编辑技术完全成熟，人类是否可以对胚胎进行基因编辑呢？如果父母想让孩子有双眼皮，可以对胚胎做基因编辑吗？你觉得什么样的情况才允许做基因编辑？另外，完全开放基因编辑会有哪些问题？这种技术对于社会平等有什么影响？

疟疾

青蒿素

THINKTING

诺贝尔奖
获得者
屠呦呦

是如何拯救
数百万人
生命的？

你肯定听说过诺贝尔奖吧！这是一个世界级的奖项，由瑞典的科学家阿尔弗雷德·诺贝尔创立，包括物理学奖、化学奖、经济学奖、生理学或医学奖、文学奖等奖项，旨在表彰那些为人类社会作出巨大贡献的人。

诺贝尔奖从 1901 年开始首次颁发，已经持续 120 多年，共有近 1000 人获得这项殊荣，获得过诺贝尔奖的华人一共有 11 位。其中，屠呦呦是首位获得诺贝尔科学类奖项的中国本土女科学家。

屠呦呦的成长经历

大家是不是觉得“屠呦呦”这个名字很有意思？这个名字可是有来历的。

“呦呦”一词来自中国最早的一部诗歌总集——《诗经》。屠呦呦在自己的获奖致辞中提到，她是家里5个孩子中唯一的女孩，当她出生后，发出人生第一声啼哭时，听起来像“呦呦”声。她的父亲屠濂规非常激动，不由吟诵起了《诗经》中那句著名的“呦呦鹿鸣，食野之蒿”，并给女儿取名为“呦呦”。

从这个名字就能够看出，屠呦呦出生在一个充满文化氛围的家庭中，受到父母的影响，她也热爱学习和阅读，喜欢思考和动手。但不幸的是，屠呦呦 16 岁时，意外患上了肺结核。这是一种严重的传染病。现在的孩子出生之后，会注射一种叫作卡介苗的疫苗，防止感染肺结核。但在当时，也就是 20 世纪 40 年代，医疗条件非常差，别说疫苗，连治疗肺结核都非常难。于是屠呦呦只能暂时放弃学业，在家修养。

肺结核会导致严重的咳嗽、胸痛，甚至会咳血。无情的病痛折磨着年轻的屠呦呦，她一边和病魔对抗，一边坚持学业。这样的日子太难熬，屠呦呦也想过放弃学习。但是，她在外地的哥哥写信劝阻她说："呦妹，当你遇到困难，不要轻言放弃。学问决不能使诚心求她的人失望。"

屠呦呦从哥哥的劝解中获得到了力量，她意识到人一生不能留下什么遗憾。于是她把所有的时间都用来读书。不但如此，为了治病，她还对医学产生了兴趣，她一边坚持努力学习，一边积极配合治疗。在这种对生命和知识的渴望下，她竟然逐渐康复了。

这段经历让她坚定了日后要学医的信念。多年以后，面对记者的提问时，她说，医术能给人新的生命，应该帮助更多的人。

1951 年，屠呦呦考上北京大学医学院，选择生药学专业。那时新中国刚刚成立，百废待兴，医学的发展欣欣向荣。但当时的医学领域，中医偏方存在许多争议，有些人对中医存有偏见，觉得中医是封建社会残余的糟粕，所以大多数医学生都选择学习西医。

你知道中医和西医的不同之处吗？简单地说，当我们身体有一些小毛病的时候，可能会去医院打针输液，或者吃消炎药，这些属于西医的治疗方式。如果去中医院推拿按摩，或者医生开的药是粉末状的，需要用开水冲服，这通常是中医常用的治疗方式。其实不管是中医学还是西医学，都需要多年的学习和临床，也就是治病的经验，它们各有千秋，并不是对立的，而是可以结合起来的。

屠呦呦对中医产生了浓厚的兴趣，在她眼中，中医是我们中华民族宝贵的遗产，扁鹊、华佗、李时珍、张仲景、孙思邈这些伟大的中国古代名医流传下来的医术典籍和治疗方式都是传统文化的结晶。

因此，屠呦呦立志要为中医学正名，她相信中西医结合起来，一定能够发挥更大的作用，救助更多的生命。在求学期间，她经常废寝忘食地学习，不眠不休地研究中华医学古籍。

屠呦呦的消除疟疾之路

屠呦呦大学毕业后，被分配到中国中医研究院的中药研究所工作。她在工作和研究中积攒了丰富的经验。

1969 年，39 岁的屠呦呦接受了一项重要任务，那就是抗疟研究。

疟，就是疟疾，这是一种通过受感染的蚊虫叮咬而引起的传染病。它与结核病、艾滋病并称“全球最严重传染病”，致死率极高、感染人数众多。一旦患上，患者会出现畏寒、高热、肌肉酸痛、抽搐乃至晕厥的严重症状，非常痛苦。

几千年来，人类和疟疾的斗争从来没有停止过。据世界卫生组织统计，全球约有 2.47 亿人有疟疾感染症状，其中 100 万人死亡。

最早有一种能够治疗疟疾的药物叫作奎宁（Quinine），它是从原产于南美洲的一种植物——金鸡纳树中提取的生物碱，自古当地居民就用其树皮治疗疟疾。但是，随着奎宁药物的长期使用，疟原虫竟然产生了抗药性。奎宁对于这种已经产生抗药性的疟原虫引发的疟疾失去了效力，寻找新疗法的任务迫在眉睫，屠呦呦在此时临危受命。

疟疾在中国一直以来也是让人头疼的疾病。20世纪初期，中国发生过好几次严重的疟疾传染，而市面上的抗疟疾药价格极高，根本无法在普通老百姓中广泛普及，导致无数人病重不治而亡。

因此，新中国成立后，国家对疟疾尤为重视，将找到治疗疟疾药物列为重点科研项目。1967年，一个代号为“523”的研究组正式成立，屠呦呦因为同时具备多年中医和西医的研究经验而被委以重任，成为研究组的组长。

当时国外已经有很多经验丰富的医学团队专注于研发替代奎宁的疟疾特效药，但是都没有进展。屠呦呦坚信，中国传统医学中一定有能够破解这一难题的办法。于是，她和同事们不断地翻阅古籍，走访中医，收集药方。

他们用了3个多月时间，收集了2000多个中医验方，编辑成《疟疾单秘验方集》，再经过讨论分析，从中筛选出640个，反复验证后，再留下其中的100多个方案。之后几年中，屠呦呦带领小组对100多种中药煎煮提取物和200余种乙醇提取物样品进行了实验，但结果令人沮丧：对疟原虫抑制率最高的药物也只能达到40%左右的效果，这样的结果是远远无法实现抗疟目标的。

最让人沮丧的是，团队在研究青蒿的时候，明明能够检测到青蒿中含有抗疟成分，却无法提炼出来，这个瓶颈让研究陷入困局。终于有一天，屠呦呦从东晋医药学家葛洪的《肘后备急方》中获得灵感，书中记载："青蒿一握，以水二升渍，绞取汁，尽服之。"

屠呦呦恍然大悟：古人对于青蒿的处理方法与其他中药不同，其他中药都会放进水里熬制，但是青蒿却不能加热，而是要用冷水处理。这一发现说明，对

于同样的事物，处理的方式不同，可能得到的结果是完全不同的。

于是，屠呦呦和她的团队转换思路，开始寻找低温提取青蒿素的方法。经过重重筛选后，他们决定用较低沸点的乙醚来提取。经过几百次失败的实验后，他们终于提取到了较纯的青蒿素，而青蒿素抗疟性达到 100%，这意味着青蒿素完全可以有效治疗疟疾。

实验终于得到让人满意的结果，大家欢欣鼓舞！

为了对自己的实验负责，1972年7月，屠呦呦等3名科研人员成为首批人体试验的志愿者。喜人的是，青蒿素对人体没有明显毒副作用，这意味着青蒿素可以作为抗疟药物加以生产。

但是，这并不意味着这种新型药物可以马上投入使用。每一种药品在大范围使用之前，都要经过多年反复试验和临床试用。一直到5年后，青蒿素才被证明在临床使用中没有问题，课题组才在原卫生部的同意下发表论文，首次向全球报告了青蒿素这一重大原创成果。

之前谁能想到，古老的中医学竟然真正解决了世界性难题，这一成果在国际上引起了轰动。

青蒿素类抗疟药自问世以来，就成为疟疾肆虐地区的救命药。据世界卫生组织统计，青蒿素在全世界

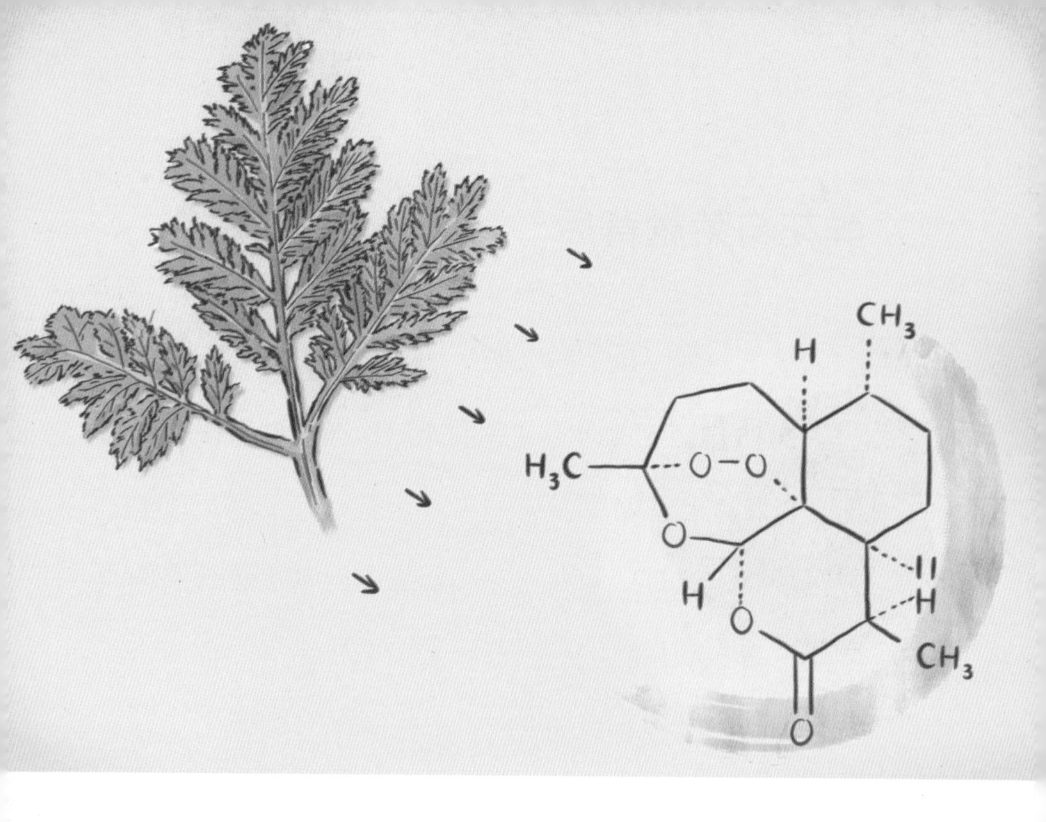

已挽救了数百万人的生命。依靠这项研究成果，2020年，中国实现了消除疟疾目标。2021年6月30日，世界卫生组织宣布中国获得无疟疾认证：中国疟疾感染病例由20世纪40年代的3000万减少至0。这是一项了不起的壮举。

鲜花与荣耀背后

2015年，屠呦呦凭借“中药和中西药结合研究提出了青蒿素和双氢青蒿素的疗法”获得诺贝尔生理学或医学奖。这是中国科学家凭借在中国本土进行的科学研究首次获诺贝尔科学奖，是中国医学界迄今为止获得的最高奖项，也是中医药成果获得的最高奖项。

那一年，85岁的屠呦呦站上了世界级的领奖台，用中文向全世界人民讲述她与中医学、与青蒿素仿佛生来就注定的缘分。那一刻，所有人将最热烈的掌声献给了这位孜孜不倦投身于医学事业的中国女科学家，为她挽救了无数生命而致敬。她将宝贵的中医知识传播给世界，让世界开始正视中医、中药。

但是，在鲜花与荣耀背后，屠呦呦也为医学事业付出了自己的健康：由于长时间在实验室接触浓度较高的乙醚，她在研究中患上中毒性肝炎。其实，还有很多科学家和屠呦呦一样，为了改变人类的命运，牺牲了自己宝贵的健康。

哪怕取得了这样令人骄傲的成功，获得了这样重大的声望，这几十年，屠呦呦依旧住在老房子里，过着普通的生活。对于她来说，物质和名誉并不是最重要的，对医学的热爱、对生命的敬畏，才是她不断前行的强大内驱力。屠呦呦说过，她最大的心愿是重振中医，让更多的人受益。如今多年过去，她依旧坚守着这颗纯粹的初心。

致少年

在了解屠呦呦后，你是否对梦想有了新的定义？因为年少时经历过病痛的折磨，屠呦呦树立了悬壶济世的梦想，她通过多年不懈的寻找和实验，终于让中国成功实现了消除疟疾的目标，也挽救了全世界数百万人的生命。同时，通过青蒿素的研究，她也让人们摒弃了对中医的成见，让中国传统医术继续发扬光大。

想一想

日常生活中，你和家人有没有看中医的经历？根据你的观察，中医和西医的治疗方式有什么不同？

- 虚拟世界
- 互联网 3.0
- VR 设备

THINK

ING

元宇宙

是一个
什么样的
世界？

相信正在看这本书的同学有很多是科幻爱好者，那么，你听说过“元宇宙”这个词吗？你明白这个词的意思吗？

元宇宙的英文是“Metaverse”，这个词是“meta”和“verse”两个词的组合，meta 的意思是超越或改造，而 verse 则是宇宙（universe）的缩写。从它的英文名称就能够看出，元宇宙就是改造或超越原本的宇宙，也就是说，它是一个利用高科技手段创造的、能够与现实世界产生相互作用的虚拟世界。

元宇宙的起源和发展

“元宇宙”这个词源于1992年出版的一部科幻小说《雪崩》(*Snow Crash*)，作者尼尔·斯蒂芬森是美国著名幻想文学作家。他在这本书中把未来的世界想象成一个低俗野蛮、缺乏社会秩序的混乱之地，但同时，尖端科技创造了一个超越现实世界的网络虚拟空间，在这里，世界无限广阔，充满各种可能性。在这个世界里，所有现实生活中的人都有一个网络分身(Avatar)，比如，书中的主人公在现实世界只是个送比萨的平凡外卖小哥，但在虚拟空间中，他是首屈一指的黑客、擅使双刀的高手。

这样的未来，听起来是不是非常刺激，也过于夸张，像是天方夜谭？这种科幻小说中才有的情节，很有可能会成为现实，甚至可以说，已经有一小部分成为现实。

因为随着科技的进步，元宇宙已经不再那么神秘和难以理解，简单来说，它就是一个有体验感的虚拟游戏。但与虚拟游戏不同的是，在元宇宙这个虚拟世界中，同样存在与现实世界一样的社会关系，人们可以在其中工作、娱乐和生活，全球的用户通过虚拟身份登录后，就可以开始自己“沉浸式”的体验。同

时，这个虚拟空间还能够不断地升级和进化。

在“元宇宙”这个概念诞生之后，有很多游戏公司根据这个概念进行游戏创作。一直到2003年，一款名叫《第二人生》（Second Life）的游戏发布，相比其他游戏，它拥有更强的世界编辑功能与发达的虚拟经济系统，人们可以在其中进行社交、购物、建造、经商。这款游戏吸引了现实中的大量机构在游戏中投资，被称为第一个现象级的虚拟世界。世界各大媒体曾经将《第二人生》作为自己的一个发布平台，连IBM公司都曾在这款游戏中购买过地产，建立自己的销售中心。不仅如此，瑞典等国家政府也在游戏中建立了大使馆。

《第二人生》游戏拥有自己的货币“林登币”（Linden Dollar），这种虚拟货币能以一定的汇率兑换现实中的货币。有一个游戏用户通过在游戏中买卖虚拟的房地产，在两年时间里赚取了100万美元的现实资产。可以说，这款游戏成了元宇宙的鼻祖。之后，现实世界和虚拟游戏世界产生了越来越多的互动，比如2020年4月，美国歌手特拉维斯·斯科特（Travis Scott）在名为《堡垒之夜》（Fortnite）的游戏世界中举办了一场线上虚拟演唱会，吸引了超过1200万名玩家参与。

在元宇宙的开发方面，中国也不甘落后。在2021年10月17日的中国电博会上，中国元宇宙第一个城市加速基地——杭州正式启动，并在深圳、杭州启动工作会。

2021年10月28日，世界著名社交媒体“脸书”（Facebook）公司宣布将公司名字改为“Meta”。Meta的首席执行官扎克伯格还发布了一个宏伟的计划：在未来5到10年内，“每年投入100亿美元”，并且“在欧洲创造1万个新的工作岗位”专门用于元宇宙的开发。不仅仅是Meta，全球最大的电脑软件公司之一微软，还有动画科技公司迪士尼也制订了大力开发元宇宙的计划。

为什么各个国家政府和全球科技行业的巨头们都纷纷把目光投向元宇宙呢?

元宇宙的意义和未来

就像如今已经成为我们日常生活的一部分——互联网一样，元宇宙在未来必将成为人类生活不可或缺的一部分。

科技在不断地发展，在20世纪80年代，个人电脑才刚刚出现，那时候很少有家庭拥有自己的电脑。但是，在短短的10年后，也就是到了90年代，互联网开始流行起来。那时候，人们登录网络时需要拨号上网，这就是互联网1.0时代。2000年以后进入互联网 2.0 时代，移动通信技术的发展让人们能随时随地上网。今天的我们不管是交流、购物、工作、生活，都已经无法离开智能手机。

可能在你的记忆中，世界就是这样的，但其实在你出生之前，那时候的沟通只能通过面对面的交流、书信、电话等方式，而现在的沟通可以通过视频电话，让人们哪怕相距千里却似近在咫尺。曾经阅读只限于印刷在纸张上的文字，但是现在的阅读，不但可以通过网络阅读电子屏幕上的文字，还可以通过有声图书和视频来获取文字所承载的知识……还有很多改变，你可以和爸爸妈妈，甚至与爷爷奶奶、外公外婆聊一聊，你就能惊讶地发现：科技彻彻底底地改变了人类的生活。

科技的浪潮不会停滞不前，下一个浪潮也许就是元宇宙，也就是互联网 3.0 时代。大家可以想象一下，那个时候你的生活是什么样子的呢？

也许早上一睁眼，你就摸索着戴上 VR（Virtual Reality，虚拟现实技术）眼镜，登录自己的虚拟身份进入元宇宙。紧接着，你可以一边在真实世界中洗脸、刷牙、吃早饭，一边在虚拟世界中选择一套自己喜欢的服装（甚至可以改变皮肤、眼睛和头发的颜色），然后开始社交和工作。

这一整天，你不必出家门，就可以在元宇宙中和朋友、同事以及其他人聊天，一起完成需要团队合作的任务，赚取虚拟货币。到了中午，肚子饿了，可以直接用虚拟货币点一份外卖，但是这份香喷喷的外卖会送到你家里，实实在在地填饱你的肚子。

当你完成一天的工作，需要运动一下的时候，你可以像往常一样登上跑步机，但是出现在你眼前的不是单调的墙壁，而是元宇宙中奇幻的风景，你可以选择在阿尔卑斯山的场景中自在漫步，也可以选择在撒哈拉沙漠中艰难跋涉，甚至连吹过你皮肤的风的温度，都符合你所选择的场景。

这么一想象，可能大家都对元宇宙时代充满了期待。但是，到底什么时候能实现元宇宙？

别着急，让元宇宙成真是需要很多必备条件的。比如：VR 设备能够给人们带来更加真实的体验，同时价格也更加亲民，大部分人消费得起；应用程序的设计和开发能够满足人们更多需求，让大家的生活变得更加高效、有趣；关于虚拟世界中的法律法规更加完善，让人们在虚拟世界中的人身财产安全得到保障……

你不妨思考一下，还有哪些准备工作是在元宇宙到来之前需要完成的？大概需要多长时间呢？

这个过程是漫长的，现实世界不可能消失，我们的生活和工作也不会在一夜之间改变，一些基础性的工作依旧存在。可是很多工作将发生重大变化，同时一些新工作将被创造出来。这意味着，很多刻板、重复的工作将被机器取代，元宇宙需要我们具有更多的想象力，需要学校培养更多具有创造力的人才。

根据专家们预测，元宇宙世界不太可能在10年内到来，但是到21世纪中期，也就是20～30年后，很有可能得到一定程度的实现。

元宇宙的利与弊

元宇宙的到来，到底是好事还是坏事呢？

现在有一些人玩网络游戏成瘾，而忽略了现实世界中的学习和生活，因此大部分家长和老师都非常反对网络游戏。同样，元宇宙的到来有可能加剧孩子的“网瘾”，很多人将沉迷于虚拟世界中的生活，而不愿意回到现实中来。如何建立现实生活和元宇宙世界的平衡，这成为我们必须解决的一个问题。

同时，因为元宇宙是完全由数字构成的世界，所以网络黑客将成为危险分子，他们有可能盗取你的虚拟货币、虚拟资产，就连你的虚拟身份都会成为他们的目标。更可怕的是，你的一切信息，包括你在元宇宙和现实世界中的隐私，都有可能会被人盗取。如果元宇宙中没有成熟、完善的法制约束这些网络犯罪，那么元宇宙中的犯罪行为不但会持续增加，还极有可能对现实世界产生影响，危害到我们的人身财产安全。

当然，即使元宇宙存在种种风险和弊端，我们也不得不承认，元宇宙将给我们带来更多好处。

首先，人类将在元宇宙中获得更多自由，我们不再受到年龄、种族、性别、身体、外貌的局限，能够最大程度地发挥我们的才华和特长进行创造和体验。

其次，元宇宙将大大提高人类的工作、学习、生活效率，突破时间与空间的障碍，让人们相互之间的交流畅通无阻。在 2020 年全球新冠肺炎疫情暴发之后，我们的沟通有一大部分转移到了网络上，老师通过直播授课，学生们通过云平台学习，上班族通过网络会议软件开会办公，而元宇宙可以让这一切变得更加真实和高效。

另外，元宇宙技术能够应用于现实世界中的很多行业，对于金融、教育、房地产等行业的影响意义重大，甚至连农业都可以采用元宇宙技术。比如，荷兰的“农业元宇宙”，就是牧民们给奶牛装配上虚拟眼镜，让牛的眼前出现一望无际的大草原。牛心情舒畅后，产奶量随之大大提升，奶的质量也变得更好。这是不是非常有趣?

未来的世界，可能比科幻小说和科幻电影还要不可思议。愿你张开想象的翅膀，踏实而坚定地走好每一步，为世界打造一个更美好的未来!

致少年

原本存在于科幻小说中的“元宇宙”，竟然在短短 30 年的时间中逐步走进我们的现实生活。越来越多的科技公司投入更多的资金和人力开发元宇宙业务，未来终将有一天，元宇宙就像如今的互联网一样成为我们生活中不可或缺的一部分。到那时候，我们又将面对新的机遇和挑战。

想一想

大家不妨再想想，元宇宙还能为我们带来什么样的好处，又可能存在什么样的危害？我们又该如何发挥它的优势，规避它的风险？